Ética del agua

Perspectivas éticas en torno al uso y la gestión sustentables y equitativos del agua como recurso

Ética del agua

Perspectivas éticas en torno al uso y la gestión

sustentables y equitativos del agua

como recurso

Benoît Girardin / Evelyne Fiechter-Widemann (editores)

con la colaboración de miembros de la asociación Workshop for Water Ethics

Globethics.net Praxis No. 13

Globethics.net Praxis

Series editor: Prof. Dr. Obiora Ike, Executive Director of Globethics.net in Geneva and Professor of Ethics at the Godfrey Okoye University Enugu/Nigeria.

Globethics.net Series Praxis
Benoît Girardin / Evelyne Fiechter-Widemann, *Ética del agua: Perspectivas éticas en torno al uso y la gestión sustentables y equitativos del agua como recurso*
Geneva: Globethics.net, 2021
ISBN 978-2-88931-424-9 (online version)
ISBN 978-2-88931-425-6 (print version)
© 2021 Globethics.net
Original versions available in English and French: ISBN 978-2-88931-308-2, ISBN 978-2-88931-337-2.

Managing Editor: Ignace Haaz
Assistant Editor: Nefti Bempong-Ahun
Scientific Director: Benoît Girardin
Translation: Hugo Montez, supervised by Matthias Preiswerk
Cover design: Michael Cagnoni
Main Sponsors: FacTheol UniGE (Switzerland) and Helvetas La Paz (Bolivia).

Globethics.net International Secretariat
150 route de Ferney
1211 Geneva 2, Switzerland
Website: *www.globethics.net/publications*
Email: *publications@globethics.net*

All web links in this text have been verified as of September 2021.

TABLE OF CONTENTS

Ética económica:
el agua como bien público con valor económico

Ética de la paz: Gestión de los conflictos de intereses y de los conflictos entre usuarios del agua

Ética de la gobernanza y educación en materia de agua

Perspectivas y conceptos éticos
en un mundo globalizado

PREFACIO

Ética del agua es un tipo de libro muy diferente de otras publicaciones sobre el agua. En primer lugar, su alcance, en términos de temas considerados, es muy diversa. Van desde la importancia de la voz de las mujeres cuando el estrés hídrico es una amenaza hasta otras cuestiones importantes como la contaminación por plásticos en la cadena alimentaria, el impacto de los microplásticos en los organismos acuáticos, el agua como derecho humano, el desarrollo de modelos financieros para promover el acceso al agua potable y el saneamiento, los conflictos por el agua, las perspectivas jurídicas y económicas, el derecho a la alimentación y al agua, la gestión de los acuíferos transfronterizos, los costos sociales asociados a la construcción de represas y una serie de artículos sobre las perspectivas éticas, incluida la ética global del agua y la justicia. En conjunto, ofrecerán a los lectores una excelente perspectiva de la complejidad y diversidad de los problemas y retos relacionados con el agua a los que se enfrenta el mundo.

Un segundo aspecto notable de este libro es su amplia cobertura geográfica. En última instancia, todos los problemas del agua son "locales", y sus soluciones también tienen que ser "locales". Tanto los problemas como las soluciones deben tener en cuenta de forma muy específica las condiciones físicas, climáticas, económicas, sociales, culturales, políticas e institucionales locales. En el caso de los países en vías de desarrollo, que es el tema principal de este libro, lo que podría ser una solución en un país podría no ser apropiado para otro. Además, en el caso de países medianos y grandes como Brasil, China, India, Malasia o Indonesia, lo que puede funcionar en una parte del país podría no funcionar en otra parte del mismo país. Uno de los puntos fuertes de este libro es que considera los problemas del agua de países específicos de África, Asia y América Latina, y luego considera cómo, o incluso si, las experiencias de los países desarrollados de Europa y Singapur pueden ser relevantes —con las modificaciones adecuadas— para satisfacer las condiciones locales.

La tercera fortaleza de este libro es que cada artículo es breve. De este modo, se puede obtener rápidamente una visión general de los muy diferentes problemas del agua en muchas partes del mundo. Si se quiere saber más, se pueden consultar las fuentes mencionadas en los artículos individuales.

La cuarta —y la más destacable— parte del libro es su cobertura de las perspectivas éticas de la disponibilidad, el uso y la gestión del agua, incluyendo la justicia y la ética globales, como los derechos al agua y a la alimentación. Estas cuestiones rara vez se tratan en la mayoría de los libros relacionados con el agua.

El libro consta de seis secciones principales, y cada sección contiene de dos a siete capítulos. La sección más extensa es la de las perspectivas éticas, con siete capítulos. Estos se suman a los capítulos sobre las perspectivas legales y económicas de la justicia global del agua y los derechos humanos al agua en otras secciones.

El éxito de Singapur en la gestión urbana de aguas limpias y potables, así como su gran éxito de la gestión de aguas residuales y pluviales, se han tratado en dos secciones, en nuestra opinión, de forma acertada. En 1965, cuando Singapur se independizó, su gestión del agua urbana y de las aguas residuales estaba en un nivel similar al de otras ciudades asiáticas como Delhi o Dhaka. Sin embargo, en un período de dos décadas, con enfoques políticos inteligentes, Singapur se convirtió en un ejemplo para todo el mundo en cuanto a una buena, eficiente y equitativa gestión del agua y las aguas residuales urbanas. Y ello a pesar de que, según las clasificaciones utilizadas habitualmente por las agencias de Naciones Unidas, el Banco Mundial, el Banco Asiático de Desarrollo (BAD), el Instituto de Recursos Mundiales (WRI) y los profesionales del agua en general, Singapur "debería" sufrir una grave escasez de agua. De hecho, cuando el BAD, el Sistema de las Naciones Unidas y el WRI lo identificaron como un "país con grave escasez de agua" según su clasificación normal de que los países con menos de 500 m3/persona/año de suministro renovable de agua enfrentan escasez de agua, el Gobierno de Singapur reaccionó de forma contundente. Retó a estas instituciones a preguntar a todos los habitantes de Singapur si alguno de ellos había experimentado algún tipo de estrés hídrico en las últimas décadas. Si lo hubieran hecho, los singapurenses habrían rechazado rotundamente la suposición y conclusión de que Singapur sufre una aguda escasez de agua.

El hecho es que el agua es un recurso renovable. No es como el petróleo, el gas natural o el carbón, que una vez utilizados se descomponen en varios componentes y no pueden volver a utilizarse. El agua, en cambio, es un recurso renovable. Después del consumo, las aguas residuales generadas pueden tratarse adecuadamente y una vez tratadas pueden reutilizarse. Con una buena gestión, este ciclo puede continuar indefinidamente. Singapur tiene menos de 130 m3 de agua renovable por persona y año. Con una planificación a largo plazo y una buena gestión, esta ciudad-Estado no teme ningún estrés hídrico ahora, ni prevé ningún problema hasta el año 2061, cuando es previsible que la demanda de agua se duplique. Además, en 2061 expirará su tratado sobre el agua con Malasia. Actualmente, Malasia le proporciona agua para más del 50% de sus necesidades. Gracias a las continuas reducciones en el uso doméstico de agua per cápita, a que las industrias son cada vez más eficientes en el uso del agua, a la recogida de cada vez más agua de lluvia, a la reutilización de las aguas residuales debidamente tratadas y a la desalinización del agua de mar, Singapur no experimenta ahora ningún estrés hídrico. Tampoco espera que haya escasez de agua durante los próximos 50 años. Esto no tiene en cuenta los avances previstos en la ciencia, la tecnología y las prácticas de gestión en las próximas décadas. Es probable que estos sean muy importantes.

¿Cómo ha podido Singapur conseguir tanto con tan poca agua disponible? Comenzó con un apoyo firme y sostenido de los responsables políticos del más alto nivel. Su primer primer ministro, Lee Kuan Yew, se dio cuenta de que, si el nuevo país quería sobrevivir y prosperar, debía lograr la seguridad hídrica a largo plazo. Nos dijo que "toda política debe arrodillarse ante el agua". Tenía tres expertos en su equipo de gobierno para determinar el impacto de todas las políticas sobre el agua. Si el impacto era entre neutro y positivo, se permitía que las políticas siguieran adelante. Durante casi tres décadas, cuando fue el líder político más influyente de Singapur, el agua mereció una consideración política prioritaria.

Por el contrario, en el resto del mundo, los principales líderes políticos no se interesan por el agua de forma sostenida. Solo se interesan por el agua cuando hay graves inundaciones o sequías. ¡Una vez que estos eventos hidrológicos extremos han pasado, su interés por el agua se evapora!

Los problemas del agua en el mundo pueden resolverse, pero únicamente con compromisos políticos sostenidos a largo plazo. No pueden resolverse con medidas a corto plazo o coyunturales.

Bajo el mandato de Lee Kuan Yew, Singapur decidió que debía tener agua limpia para todos, tanto ricos como pobres. El suministro debe ser equitativo, asequible y eficiente. Así, Singapur, a diferencia de Sudáfrica, India y muchos otros países en desarrollo y también desarrollados, no tiene agua gratuita ni subvencionada. Todo el mundo debe pagar las tarifas del agua, que se fijan según su costo marginal. La Agencia Nacional del Agua de Singapur (PUB) debe recuperar el costo total del suministro de agua y de los servicios de aguas residuales, incluidos todos los costos de inversión, funcionamiento y mantenimiento.

Las familias consideradas pobres reciben vales. Las cantidades dependen de su situación económica y del número de miembros de la familia. Estos vales se utilizan para pagar parte de sus facturas de agua y electricidad. Estos vales son emitidos por otro ministerio. Esto significa que PUB recupera la totalidad de las facturas de agua de todas sus viviendas, sean ricas o pobras. La tarea de PUB, como nos explicó Lee Kuan Yew, es gestionar un sistema eficiente de suministro de agua y de aguas residuales que sea financieramente viable a largo plazo. Igualmente, es tarea del Gobierno garantizar que los pobres tengan acceso al agua y la electricidad a precios que puedan pagar.

PUB también tiene un fuerte brazo de investigación y desarrollo, pagado por sus clientes. Se dedica a una mejora permanente de sus prácticas de gestión y al estudio, la aplicación y adopción de nuevas tecnologías. Como resultado, su costo marginal de suministro de agua ha disminuido constantemente en términos reales. Debido a esta reducción, la tarifa del agua de Singapur se mantuvo inalterada entre 2000 y 2016 y se incrementó en un 15% anual en 2017 y 2018. Incluso después de estos aumentos de tarifas, los hogares, como porcentaje de sus ingresos, están pagando en promedio menos en 2019 de lo que pagaban por el agua en 2000. Si las facturas del agua se indexan a la inflación, las facturas actuales son menores que las que se pagaban en el año 2000 por la misma cantidad de agua consumida.

La lucha de Singapur por el agua, y su éxito continuado, indica que los países y las ciudades pueden resolver sus problemas de gestión del agua y las aguas residuales, pero no con las prácticas convencionales. El agua gratuita o subvencionada conduce invariablemente al desperdicio de este elemento. Con el aumento de la población, la urbanización y la industrialización, los países en desarrollo necesitan suministrar las 24 horas del día agua limpia que pueda beberse directamente del grifo sin problemas para la salud. Sin embargo, esto no puede lograrse con la práctica actual de proporcionar agua subvencionada o gratuita. Como señala acertadamente el libro, el derecho humano al agua o a la alimentación no significa que la gente deba tener acceso gratuito al agua o a los alimentos. Los hogares deben pagar por unos servicios de agua y saneamiento que sean eficientes y asequibles. Igualmente, hay que garantizar que los pobres tengan un acceso adecuado a estos importantes servicios. Hay que reformular las políticas para garantizar que los servicios de agua sean financieramente viables y proporcionen buenos servicios a precios asequibles. La experiencia de Singapur demuestra que, con atención y coraje políticos constantes y unas políticas adecuadas, los problemas domésticos e industriales del agua, tanto en los países en desarrollo como en los desarrollados, es possible implementar soluciones de largo plazo.

Asit K. Biswas
Profesor visitante emérito de la Universidad de Glasgow, Reino Unido,
y Presidente de Water Management International Singapur Pte Ltd

Cecilia Tortajada
Investigadora principal,
Instituto de Política del Agua
Lee Kuan Yew School of Public Policy
Universidad Nacional de Singapur

INTRODUCCIÓN

El Taller para la Ética del Agua
(Workshop for Water Ethics) en un vistazo

El Taller para la Ética del Agua (W4W) fue creado en 2010 en Ginebra y reúne a personalidades de diversos campos de experiencia. Todas ellas comparten la preocupación por la importancia clave de la gestión del agua como recurso de una manera responsable y sostenible. W4W reivindica explícitamente la necesidad de abordar los desafíos que plantea la cuestión del agua adoptando un enfoque interdisciplinario —que abarque los ámbitos jurídico, económico, científico, sociológico y filosófico— en el marco de una perspectiva ética. Se ve a sí mismo como un instrumento para alimentar una reflexión convocando a expertos tanto del sector público como del privado. Asimismo, se propone llevar adelante su labor prestando especial atención a la manera en que las perspectivas y los enfoques analíticos pueden inspirar los proyectos en el terreno. También pretende establecer vínculos con redes e instituciones internacionales que comparten la misma preocupación.

Entre los años 2011 y 2018, el Taller para la Ética del Agua ha organizado cinco seminarios interdisciplinarios, realizados en el Museo de Historia de las Ciencias de Ginebra, sobre distintas temáticas, como se detalla a continuación:

- 2011 "Demasiada agua o no suficiente. ¿Cómo podemos utilizar sabiamente este recurso vital imprevisible?",
- 2012 "Agua, necesidad vital y justicia global",
- 2013 "Ética global del agua",
- 2017 "Océanos inundados de plásticos: ¿Mito o realidad?",

- 2018 "Educación, asociación de género, financiación: ¿claves decisivas para combatir el estrés hídrico?".

La composición de sus miembros fundadores refleja una amplia diversidad en cuanto a formación, experiencia, procedencia, intereses y género.

Evelyne Fiechter-Widemann, abogada, ha sido la iniciadora del Taller. Los miembros del comité ejecutivo son la bióloga Annie Balet; Laurence Isaline Stahl Gretsch, arqueóloga y gestora de museos; Renaud de Watteville, gestor de eventos e iniciador de un proyecto de transformación de agua salobre en agua potable; Benoît Girardin, exdiplomático y profesor universitario; Christoph Stucki, ingeniero, exdirector de la empresa de transportes públicos de Ginebra, y Gary Vachicouras, teólogo y asesor.

Los colaboradores invitados a los seminarios procedían de campos de experiencia y lugares geográficos muy diversos. También se prestó la debida atención a experiencias de campo y a proyectos concretos documentados por los profesionales.

Las ponencias aquí publicadas consisten en una selección de presentaciones realizadas durante los seminarios, así como una presentación para la Semana Internacional del Agua de Singapur en 2018. La selección que ofrecemos ha tenido en cuenta su estrecho vínculo con las cuestiones éticas en el sentido de que o bien documentan los antecedentes y los desafíos actuales, elaboran conceptos clave que son apropiados o destacan su pertinencia ética. Las ponencias originales fueron escritas en francés o en inglés y algunas de ellas han sido condensadas o ligeramente actualizadas. Se ha elaborado una adicional para cubrir la cuestión de los costos del agua en varios lugares.

Asimismo, se ha respetado debidamente la dimensión interdisciplinar, ya que es un criterio clave de W4W.

Recientemente se ha elaborado, bajo la dirección editorial de Benoît Girardin, un documento sintético que recoge los retos y perspectivas éticas, siguiendo las mismas líneas de las secciones y temas del libro. Posteriormente fue presentado al Consejo de Administración de Globethics para su consideración y posible aprobación, y luego fue distribuido entre los socios de Globethics, cuyos comentarios lo enriquecieron. Una vez avalado por Globethics, fue publicado como Water Ethics: Principles and Guidelines (traducido al castellano con el título Ética del agua: Principios y directrices). Se puede acceder al mismo en www.globethics.net/water-ethics-principles-and-guidelines y se incluye en esta publicación como anexo.

W4W se constituyó como una asociación de pleno derecho en el marco de la legislación suiza.

Evelyne Fiechter-Widemann
Presidenta de W4W
Benoît Girardin
Vicepresidente

PERSPECTIVAS PRELIMINARES SOBRE LA PROBLEMÁTICA DEL AGUA

1

PROBLEMAS ACTUALES DEL AGUA: DESAFÍOS, CASOS E INTENTOS DE SOLUCIÓN

La importancia de las voces de las mujeres allí donde el estrés hídrico es una amenaza: Observaciones de Zimbabue, Sudáfrica y Singapur

Evelyne Fiechter-Widemann[1]

Preámbulo

El tercer principio de la Declaración de Dublín sobre el Agua y el Desarrollo Sostenible de 1992 está consagrado a las mujeres, en los siguientes términos:

Las mujeres desempeñan un papel fundamental en el aprovisionamiento, la gestión y la protección del agua. Este papel

---

[1] Evelyne Fiechter-Widemann es miembro honorario del Colegio de Abogados de Ginebra y tiene una maestría en Jurisprudencia Comparada por la Universidad de Nueva York. Tras obtener un doctorado en teología en la Universidad de Ginebra en 2015, prosigue su investigación sobre la ética global del agua en Singapur. Ha sido jueza adjunta en una comisión judicial del Tribunal Administrativo de Ginebra (CRUNI) y ha enseñado derecho público suizo e internacional en el Collège de Genève. Fue miembro de la Junta Directiva de la Ayuda Mutua Protestante Suiza (EPER) y del Museo Internacional de la Reforma, Ginebra.

fundamental de las mujeres como proveedoras y usuarias del agua y guardianas del entorno vital rara vez se ha reflejado en los acuerdos institucionales para el desarrollo y la gestión de los recursos hídricos. La aceptación y aplicación de este principio requiere políticas positivas que aborden las necesidades específicas de las mujeres y las capaciten para participar en todos los niveles de los programas de recursos hídricos, incluida la toma de decisiones y su aplicación, en modalidades definidas por ellas mismas[2].

¿Qué se ha conseguido al respecto en veinticinco años? Muy poco. Para hacer avanzar la agenda, nuestro grupo de reflexión sobre la ética del agua, el W4W, propone centrarse en la educación, la asociación de género y la búsqueda de modelos financieros adecuados.

Esta introducción al 5° Coloquio W4W se dividirá en dos secciones. Tras definir el significado de "estrés hídrico", ilustraré cómo puede aplicarse este concepto sobre el terreno, mediante observaciones personales en Zimbabue, Sudáfrica y Singapur. Me propongo aquí articular teoría y realidad.

El estrés hídrico, un nuevo concepto

El estrés hídrico es un indicador económico, inventado en 1986 por la sueca Malin Falkenmark, reconocida por sus investigaciones científicas, centradas en la solidaridad hídrica y la resiliencia del agua en particular. Intentaba cuantificar el volumen de agua necesario para una vida aceptable. Dicho de manera sencilla, el estrés hídrico se produce cuando la cantidad de agua disponible es inferior a la necesaria para satisfacer las necesidades o cuando la oferta de agua no satisface la demanda. El siguiente cuadro muestra tres grados de escasez de agua:

---

[2] Conferencia Internacional sobre el Agua y el Medio Ambiente (CIAMA) 1992 Declaración de Dublín sobre el Agua y el Desarrollo Sostenible. Disponible en https://bit.ly/3xyfy1U

Estrés hídrico	Escasez de agua	Escasez absoluta de agua
El volumen de agua disponible en un país, por año y per cápita, es inferior a 1.700 m3	El volumen de agua disponible en un país es inferior a 1.000 m3/año per cápita	El volumen de agua disponible en un país es inferior a 500 m3/año per cápita
4.600 litros/día per cápita	2.700 litros/día per cápita	1.400 litros/día per cápita

Es preciso señalar que el agua disponible mencionada en este cuadro utiliza el *concepto de agua virtual*. Además del agua para beber, este concepto incluye el agua para el cuidado personal, para cocinar (entre 150 y 200 litros) y el agua para producir alimentos y ropa, es decir, unos 4.600 litros.

En sus reflexiones éticas, la W4W postula que la escasez de agua no es algo inevitable. Si bien es cierto que el agua es un fenómeno natural, es también y sobre todo un fenómeno antrópico y por tanto social: el de la buena gestión del recurso.

Esta reflexión se basa en contribuciones fácticas, expuestas en la sección de estudios de caso, especialmente en África y Asia.

Observaciones en Zimbabue, Sudáfrica y Singapur

Elegí visitar estos tres países para comprender mejor los grados de escasez de agua explicados en el cuadro anterior. Zimbabue sufre de estrés hídrico, Sudáfrica de escasez o carencia de agua y Singapur de escasez absoluta de agua.

En Zimbabue, en 2011, bajo el régimen dictatorial de Robert Mugabe, conocí a mujeres que pasaban la mayor parte del día buscando y procurándose agua. ¿Podrá el nuevo líder del país, Emmerson Mnangagwa, dar un golpe de timón, lo que podría desempeñar un papel crucial en el acceso al agua? Solo el tiempo lo dirá, y en particular el resultado de las elecciones celebradas bajo estrecha supervisión internacional a mediados de 2018. Mientras tanto, las mujeres seguirán caminando muchos kilómetros diariamente para satisfacer las necesidades de agua de sus familias.

En Sudáfrica pude constatar que no todas las regiones tienen acceso a la prosperidad que exhibe el país. En la región de Limpopo que visité, la situación no era mucho mejor para las mujeres que en Zimbabue. En cambio, a diferencia de Zimbabue, sí se dan las condiciones para un mejor desarrollo. Los derechos de las mujeres también están mejor reflejados en la Constitución de Sudáfrica.

Singapur es un país que padece un estrés hídrico absoluto porque no tiene suficiente agua dulce para sus cinco millones y medio de habitantes. Debe explotar fuentes de agua no convencionales, como el agua desalinizada o las aguas residuales convertidas en NEWater[3]. Si ha sido capaz de desarrollar estos recursos hídricos innovadores es gracias a las nuevas tecnologías, en particular la ósmosis inversa.

Observo con satisfacción que tres mujeres han contribuido al bienestar de Singapur en su lucha contra la escasez absoluta de agua, una china, una estadounidense y una mexicana, Olivia Lum, Juan Rose y Cecilia Tortajada respectivamente. Olivia Lum fundó Hyflux, la empresa que gestiona las plantas de reprocesamiento de agua, y Juan Rose vivió en Singapur durante 17 años para promover NEWater. Cecilia Tortajada publicó en 2013, junto con otros dos autores, *Singapore Water Story* (Historia del agua en Singapur), que informa sobre la increíble capacidad de recuperación de Singapur a fin de proporcionar acceso al agua potable para todos. Es cierto que los

---

[3] NEWater es la marca de las aguas residuales recuperadas por la Junta de Servicios Públicos de Singapur. En este sistema, las aguas residuales tratadas convencionalmente se vuelven a purificar usando tecnologías avanzadas. Véase el capítulo 8 de esta publicación. (N. del t.).

aldeanos que vivían en chozas sobre pilotes, como las que se ven todavía hoy en Malasia, a pocos kilómetros de Singapur, y que no tenían ni agua corriente ni retretes, fueron trasladados a viviendas de bajo costo, llamadas HDB, pero consiguieron agua del grifo y retretes en sus nuevos hogares. Estamos hablando de la generación de los pioneros, que son ampliamente respetados y admirados por los actuales habitantes de Singapur y que siguen contando con el apoyo de los programas de asistencia social.

Conclusión

Antes de concluir, y en previsión de la intervención al final de la tarde de Child's Dream, una ONG fundada por dos banqueros suizos, diré unas palabras sobre la filantropía, a la que dediqué el capítulo "El derecho humano al agua: Justicia o... ¿impostura?" de mi libro publicado el año pasado.

En el libro señalo que, más allá del resentimiento hacia quienes disponen de importantes recursos económicos, algunos de ellos los han obtenido con su propio esfuerzo y han optado por compartirlos con los más vulnerables. Por ejemplo, el banquero Lien Ying Chow fundó en Singapur la Fundación Lien, que hoy en día se centra en tres ámbitos: la educación de los niños desfavorecidos, la cuestión del agua y el cuidado de los ancianos. Su viuda china hizo poner en el sitio web de la Fundación Lien un versículo del Evangelio de Lucas (12:48): "A todo el que se le ha dado mucho, se le exigirá mucho; y al que se le ha confiado mucho, se le exigirá aún más".

2

ESTRÉS HÍDRICO EN EL ÁFRICA SUBSAHARIANA: ¿QUÉ DESAFÍOS PLANTEA PARA LAS MUJERES Y LA SALUD?

Annie Balet

En muchos países del África subsahariana, las mujeres se afanan muchas horas al día para abastecer de agua a sus familias y hogares[4]. Extraen el agua de estanques, remansos y ríos sin tratarla. Sin embargo, en estos países, como en Mali, casi el 10% de la población no tiene acceso a letrinas cubiertas, y la defecación al aire libre es una práctica común. Las heces de las personas enfermas contaminan el agua, las manos, el suelo y los alimentos con agentes patógenos que mantienen el ciclo de enfermedades como la diarrea y las lombrices intestinales. Además, las heces atraen a las moscas que propagan los agentes patógenos y contaminan el agua potable si no está protegida. En estas

---

[4] Doctora en ecofisiología por la Facultad de Ciencias de Orsay (Paris-Sud). Trabajó sobre el metabolismo y la ultraestructura de las plantas en reacción a los cambios ambientales. Posteriormente, enseñó biología en la escuela secundaria, sensibilizando a los estudiantes para que asociaran las cuestiones medioambientales y humanitarias. Ayudó a organizar seminarios informales de una semana de duración sobre el desarrollo sostenible.

condiciones, las mujeres son a la vez víctimas de este estrés hídrico, responsables de la propagación de agentes infecciosos y mantienen el círculo vicioso de la pobreza. La OMS estima en 2017 que la falta de agua y saneamiento es responsable por sí sola del 80% de las enfermedades que afectan a los países en desarrollo. El África subsahariana presenta un elevado índice de enfermedades endémicas transmitidas por el agua[5]. Así, las mujeres y los niños son los que más sufren las enfermedades diarreicas, la segunda causa de muerte en niños menores de cinco años; la esquistosomiasis, la segunda enfermedad parasitaria endémica después de la malaria; y el tracoma, la principal causa de ceguera infecciosa. Otra forma de desigualdad de género, relacionada con la falta de asepsia y antisepsia durante el parto, son la morbilidad y la mortalidad materna e infantil, que siguen siendo muy elevadas.

Además, la medicina convencional es incapaz de interrumpir el ciclo de las enfermedades relacionadas con el estrés hídrico porque la accesibilidad y la calidad de la atención en los centros sanitarios de las zonas rurales son inadecuadas, y los mensajes de atención preventiva son difíciles de entender. Para resolver los problemas de salud, la mayoría de la población recurre a la medicina tradicional porque es culturalmente más accesible, menos costosa y hay al menos un curandero tradicional en cada pueblo. La medicina tradicional fue combatida durante muchos años, pero fue rehabilitada en 1978 por la OMS en la Declaración de Alma-Ata, que recomendaba el uso de las habilidades y conocimientos tradicionales disponibles para la atención sanitaria primaria. Esta declaración suscitó tantas esperanzas que la OMS y los jefes de Estado de la Unión Africana la convirtieron en una

---

[5] Una enfermedad endémica está presente permanentemente en la población de una región determinada. Es causada por la presencia de un reservorio de agentes patógenos en la zona que le permiten proliferar y contaminar a los seres humanos

prioridad[6]. Pero, ¿es segura la medicina tradicional y cumple los criterios de calidad y eficacia deseables para la atención primaria? Dado que la medicina convencional se centra en las causas biomédicas de las enfermedades, y las creencias tradicionales adoptan un enfoque empírico y holístico, ¿es posible la colaboración entre ambos tipos de medicina? Frente a este pluralismo médico, ¿cómo se abordan las enfermedades relacionadas con el agua?, ¿qué lugar corresponde al conocimiento tradicional y cuál es su contribución?

Empecemos por examinar cómo la medicina convencional trata las enfermedades transmitidas por el agua. Según la biomedicina, los síntomas de la diarrea son un signo de infección intestinal causada por diversos microorganismos, como virus, enterobacterias o protozoos. La infección se transmite a través del agua o los alimentos contaminados, o de una persona a otra cuando la higiene es deficiente. Sin embargo, tres cuartas partes de estas infecciones podrían evitarse con el acceso al agua potable y el lavado de manos. Los tratamientos de rehidratación oral o intravenosa evitan la deshidratación severa y la pérdida de agua que en el pasado conducían a la muerte. Debido a la falta de antibióticos y vacunas, las infecciones sépticas bacterianas son ahora la principal causa de muerte. En las zonas de bajos ingresos, los niños menores de cinco años sufren varios episodios de diarrea al año. Cada episodio les priva de los nutrientes que necesitan para crecer. Como resultado, la diarrea es una de las principales causas de desnutrición e inmunosupresión potencialmente mortales.

La esquistosomiasis —también conocida como bilharziasis— es una enfermedad parasitaria transmitida por vectores y causada por gusanos

---

[6] Declaración del Decenio para el Desarrollo de la Medicina Tradicional (2001-2010) suscrita por los jefes de Estado de la Unión Africana. Desde entonces, la OMS ha designado oficialmente el 31 de agosto de cada año como Día de la Medicina Tradicional Africana.

parásitos del género *Schistosoma*. Aunque está en declive, esta enfermedad crónica afecta a poblaciones pobres que no tienen acceso al agua y al saneamiento, y especialmente a las mujeres que lavan la ropa en los remansos y a los niños que las acompañan para jugar. Es muy discapacitante en los adultos y provoca un retraso en el crecimiento de los niños. La contaminación se produce cuando las larvas de esquistosoma (llamadas cercarias) emergen de los caracoles acuáticos y entran en la piel. En el organismo humano, los gusanos adultos viven en el tracto digestivo o urinario, donde se reproducen. Las personas infectadas excretan huevos con sus excrementos, que a su vez pueden infectar a los caracoles acuáticos. Los caracoles liberan entonces la segunda generación de cercarias en el agua. La dosis única de praziquantel reduce la morbilidad, pero no evita las sobreinfecciones, y debe repetirse a gran escala periódicamente. Además de la construcción de letrinas, la otra forma de romper el ciclo de la esquistosomiasis es destruir los caracoles con molusquicidas sintéticos, que son peligrosos para los peces, o con extractos de plantas autóctonas ricas en saponinas o taninos, que son menos perjudiciales para el medio ambiente.

En Mali existe una relación lineal entre la distancia a la fuente de agua y la prevalencia del tracoma entre los niños de 1 a 9 años. La prevalencia es baja cuando hay un pozo en el recinto del hogar, pero tener que caminar más de 30 minutos es un factor de riesgo grave. Causado por infecciones repetidas, el tracoma se manifiesta por una inflamación crónica de los párpados y la consiguiente malformación que hace que las pestañas se vuelvan hacia adentro e irriten el globo ocular, lo que acaba provocando la ceguera. Se transmite por el contacto con las manos sucias, la ropa sucia y las moscas contaminadas por una bacteria, la *Clamydias trachomatis*. La terapia antibiótica tópica u oral no evita la reinfección. Los efectos posteriores del tracoma, como las opacidades corneales, son más frecuentes en las mujeres debido a los cuidados que brindan a los niños, que son verdaderos reservorios de la enfermedad.

En la fase avanzada de la enfermedad, se realiza una intervención quirúrgica para evitar la ceguera. La prevención se basa en el lavado de cara, el suministro de agua potable a una distancia razonable y la construcción de letrinas cerradas para evitar la proliferación de moscas.

Más de la mitad de las muertes maternas se producen en el África subsahariana, sobre todo en las poblaciones rurales. La mayoría de los decesos se deben a un tratamiento inadecuado, tardío o a la ausencia del mismo. Entre las principales causas de mortalidad materna[7] están las enfermedades diarreicas infecciosas agravadas por el embarazo y las parasitosis intestinales. La anquilostomiasis[8] provoca una anemia grave en las mujeres embarazadas, lo que da lugar a un parto prematuro y a un bajo peso al nacer, que puede poner en peligro la vida del recién nacido. Una de las complicaciones durante el parto es la deformación de la pelvis resultante del constante acarreo de pesadas cargas de agua desde la infancia a través de largas distancias. A esto se suman las desastrosas condiciones de higiene durante el parto. Según la OMS (2017), el 38% de los centros de salud no tiene acceso al agua, el 19% carece de instalaciones sanitarias y el 35% no dispone de agua y jabón para lavarse las manos. En estas condiciones, el riesgo para la madre de sufrir una infección puerperal provoca el 15% del total de las muertes maternas, y para el recién nacido existe un alto riesgo de contraer enfermedades a menudo mortales como el tétanos neonatal o la sepsis.

Veamos ahora cómo la medicina tradicional puede manejar las enfermedades. Este manejo se puede definir como

---

[7] La mortalidad materna se define como la relación entre el número de mujeres que mueren durante el embarazo y los 42 días posteriores al parto y el número de nacidos vivos.

[8] Parasitosis intestinales causadas por dos pequeños gusanos redondos (nematodos), *Necator americanus* y *Ankylostoma duodenale* que contaminan el suelo. Esta enfermedad se transmite por contacto con la tierra contaminada con heces al caminar descalzo o al tragar accidentalmente partículas de tierra contaminada.

la suma de todos los conocimientos y prácticas, explicables o no, utilizados en el diagnóstico, la prevención y la eliminación de los desequilibrios físicos, mentales, sociales o espirituales y basados en los fundamentos socioculturales y religiosos de una comunidad determinada, así como en la experiencia práctica y la observación transmitida de generación en generación, ya sea de forma verbal o escrita (Koumaré, 2010).

Por tanto, el ámbito de actuación del médico tradicional no se limita a las enfermedades en sentido estricto. Como guardianes del patrimonio sobre el potencial de las plantas, los curanderos tradicionales también ofrecen cuidados holísticos.

Los estudios fitoquímicos han demostrado que la pulpa del fruto del baobab (*Adansonia digitata*), utilizada habitualmente en la automedicación para la diarrea, es rica en electrolitos y tiene el mismo efecto que las sales de rehidratación oral. El polvo de la hoja de *Moringa oleifera*, utilizado en el programa de desnutrición infantil, es muy rico en minerales, vitaminas y proteínas. Contiene todos los aminoácidos esenciales para el ser humano. Además, las semillas de moringa se utilizan como floculante natural para clarificar las aguas turbias, y son biodegradables, a diferencia del sulfato de aluminio. También tienen un leve efecto antibacteriano y eliminan los quistes protozoarios.

Como pionero en este ámbito, Mali desarrolló en 1968 políticas de promoción de la medicina tradicional mediante la creación del Departamento de Medicina Tradicional (DMT) de Bamako dentro del Instituto Nacional de Investigación en Salud Pública. En colaboración con los curanderos tradicionales, el DMT ha desarrollado medicamentos tradicionales mejorados que han obtenido autorización para su comercialización. Se dice que estos medicamentos de la farmacopea tradicional han sido mejorados porque se han sometido a pruebas científicas para verificar su seguridad y eficacia, y se hace un control de calidad de la producción. Numerosos estudios han demostrado que el extracto de *Euphorbia hirta* no es tóxico, reduce la motilidad intestinal y mata las amebas. Las farmacias venden a un precio asequible Dysenteral, una infusión elaborada con *Euphorbia hirta* para tratar la diarrea y la disentería amebiana. En Senegal, el Mbaltisane, también elaborado con *Euphorbia hirta* y preparado por un laboratorio privado, obtuvo asimismo una autorización de comercialización.

La inclusión de los curanderos tradicionales en el sistema sanitario convencional está menos avanzada y tarda más en establecerse, ya que requiere de un diálogo intercultural y una mayor cooperación. Los médicos tradicionales gozan de gran credibilidad y profundo respeto dentro de sus comunidades y, cuando están bien formados, pueden evitar un retraso en la atención al diagnosticar y remitir los casos clínicos graves al sistema sanitario convencional. Por ejemplo, los médicos tradicionales tienen sus propios criterios de diagnóstico: "enfermedad del ojo rojo que no segrega pus; la enfermedad de las pestañas rotas o que producen picor corresponden a la fase más avanzada".

En África, la limpieza es tarea de las mujeres, ya que se ocupan del aseo personal, la preparación de los alimentos, el cuidado de los niños y los enfermos y la limpieza de la casa y el patio. Aunque los curanderos tradicionales no suscriben la noción de gérmenes, podrían recibir formación en materia de higiene, que es una noción médica diferente de la simple limpieza. Dado que son más escuchados que cualquier otro especialista de la salud, como muestra el estudio de ONUSIDA, pueden ser buenos mensajeros de las medidas de higiene, como el lavado de manos y la gestión del agua, para evitar la propagación de agentes patógenos. Además, estas medidas de higiene son especialmente importantes y eficaces si las aplican las parteras tradicionales.

En las zonas rurales, las parteras tradicionales son responsables de tres cuartas partes de los partos. En los pueblos, son las únicas que prestan asistencia sanitaria durante el embarazo, el parto y el posparto

Además, la población está tradicionalmente mejor predispuesta hacia ellas. Sanogo y Giani (2009) han puesto en marcha un programa de comunicación y colaboración intercultural en Mali para promover a las parteras tradicionales. Estas aprenden los fundamentos de la antisepsia y la asepsia, el cuidado del cordón umbilical, la detección precoz de las complicaciones del embarazo que requerirían la transferencia de la futura madre y las normas básicas de higiene. El programa ha sido eficaz para reducir la incidencia del tétanos perinatal y las muertes neonatales tardías, fomentar la inmunización y registrar los nacimientos.

Las enfermedades endémicas relacionadas con el agua afectan especialmente a la calidad de vida de las mujeres, que se ve amenazada durante cada embarazo. Estos peligros solo podrán erradicarse de forma duradera cuando el agua potable, el saneamiento y la educación en higiene sean accesibles para todos. Para garantizar una mejor cobertura de la atención primaria, las fallas funcionales y estructurales de la medicina convencional podrían compensarse con la promoción de la medicina tradicional, a la que las poblaciones rurales están muy apegadas. Es importante propiciar el diálogo entre estos dos tipos de medicina para poder percibir la posible convergencia entre las tradiciones y la biomedicina para permitir que la medicina tradicional se modernice. Debe estar mejor supervisada, regulada, categorizada y estandarizada para proporcionar una atención eficaz, segura y de alta calidad. Los curanderos tradicionales son valiosos proveedores locales de atención sanitaria preventiva y primaria. La farmacopea tradicional ofrece vías de investigación que pueden conducir a la producción de medicamentos que sustituyan a los importados. Esta etnomedicina, asequible para las poblaciones de menores ingresos, contribuye a potenciar la riqueza cultural y natural y la autonomía de los países del África subsahariana.

Referencias

Diallo, D., M. Koumare, A. K. Traore, R. Sanago y D. Coulibaly
2003 "Collaboration entre tradipraticiens et Médecins
conventionnels: l'expérience malienne". *Observatoire de
la santé en Afrique*: Enero-junio de 2003 [Cooperación
entre médicos tradicionales y convencionales:
La experiencia en Mali]

Eklu Natey, R. y A. Balet 2012 *Dictionnaire et monographies multi-
lingues du potentiel médicinal des plantes africaines –
Afrique de l'Ouest.* Lausanne: Edition en bas,
 [Diccionario y monografías multilingües sobre el
potencial medicinal de plantas africanas–África occidental]

Koumaré, M. y D. Diallo 2010 "Place de la médecine
traditionnelle pour une prise en charge efficace du patient
au Mali". *Symposium Malien sur les Sciences Appliquées.*
[El lugar de la medicina tradicional africana en una
atención eficiente de los pacientes en Mali].

Poda, J.-N., R. Gagliardi, F. O. Kam y A. T. Niameogo, 2003
"La perception des populations des maladies diarrhéiques
au Burkina Faso: une piste pour l'éducation aux problèmes
de santé". *Santé et environnement* vol. 4 (1).
[La percepción de enfermedades diarreicas por la población
en Burkina Faso: Una senda para la educación en la salud]

Sanogo, R. y S. Giani 2009 "Valorisation du rôle des accoucheuses
traditionnelles dans la prise en charge des urgences obstétri-
cales au Mali". *Ethnopharmacologia*, 43, julio 2009. [Reva-
lorización del papel de las parteras tradicionales en el manejo de emergencias obstétricas en Mali].

WHO 2017 *Diarrhoeal disease*. 2 may 2017. [Enfermedades diarreicas].

Willcox, M., R. Sanogo, C. Diakite, S. Giani, B. S. Paulsen y D. Diall 2012 "Improved traditional medicines in Mali". *The Journal of Alternative and Complementary Medicine*, 18(3), pp. 212-220. http://doi.org/10.1089/acm.2011.0640 [Medicinas tradicionales mejoradas en Mali].

MacDonald, V., K. Banke y N. Rakotonirina 2010 "A public-private partnership for the introduction of zinc for diarrhea treatment in Benin. Results and lessons learned". *Country Brief. Bethesda, MD: Abt Associates*. [Una colaboración público-privada para la introducción del cinc como tratamiento para la diarrea en Benín. Resultados y lecciones aprendidas].

3

¿LOS DESAFÍOS DEL AGUA REQUIEREN UNA MOVILIZACIÓN DE TODOS LOS SECTORES DE LA SOCIEDAD, INCLUIDO EL SECTOR PRIVADO?

François Münger

La crisis global del agua

Hoy en día, al comienzo del milenio, el agua es una cuestión estratégica de importancia primordial, pero esto no es algo nuevo[9]. Es un bien común de la humanidad que ha marcado nuestra historia pasada y que condicionará también nuestro futuro.

El agua potable, el saneamiento y el agua para la producción de alimentos son vitales. También es de suma importancia que dejemos suficiente agua para la naturaleza con el fin de mantener los ecosistemas

---

[9] François Münger obtuvo su maestría en geofísica y mineralogía (Universidad de Lausana), hidrogeología (Universidad de Neuchâtel), e ingeniería medioambiental y biotecnología (Escuela Politécnica Federal de Lausana, Suiza - EPFL). En la Agencia Suiza para el Desarrollo y la Cooperación (COSUDE), se desempeñó como Jefe del Programa de Agua para América Central, y luego Jefe de Iniciativas del Agua. Trabajó para el Banco Mundial como Especialista Senior en Agua. Desde 2015 dirige el Geneva Water Hub, una organización de promoción y un grupo de reflexión para la prevención de conflictos relacionados con el agua, que formará parte de la Universidad de Ginebra en 2017.

y, a cambio, beneficiarnos de lo que pueden ofrecernos. El agua también está en el corazón de la producción industrial y energética.

El sector del agua se enfrenta a cambios sin precedentes. En el siglo XX la población mundial se triplicó, mientras que durante el mismo periodo el consumo de agua se multiplicó por seis. El más importante de estos cambios se refiere al saneamiento. La distribución del consumo mundial es del 70% para la agricultura, el 20% para la industria y el 10% para las necesidades humanas. En todo el mundo, solo una de cada dos personas tiene acceso al agua corriente. Debemos realizar una gestión integrada de los recursos hídricos (necesidades de los seres humanos, de la industria, la agricultura y la naturaleza).

Los cambios climáticos vienen a complicar aún más el panorama. A esto se añade la degradación de la calidad del agua: cada día se vierten dos millones de toneladas métricas de aguas residuales sin tratar en los acuíferos y aguas superficiales del planeta.

La amenaza de una crisis mundial del agua es real. Se expresa de diferentes maneras

- El escándalo del agua potable y el saneamiento: cerca de mil millones de personas aún no tienen acceso al agua potable y 2.600 millones no tienen saneamiento. Solo una de cada dos personas tiene un grifo de agua en casa.
- Otra expresión de la crisis es el riesgo de escasez y sus consecuencias para la producción agrícola. La agricultura deberá aumentar su producción en un 50% de aquí a 2030; actualmente ya consume el 70% de toda el agua dulce utilizada. Sin una corrección en el uso del agua para ahorrarla, se estima que para 2030 la mitad de la población mundial vivirá en zonas donde la demanda supera los recursos utilizables disponibles.

Se utiliza el concepto de gestión integrada de los recursos hídricos, de manera que se asignen determinadas cantidades de agua para satisfacer la demanda en cuatro grandes categorías de uso:

- agua para uso doméstico,
- agua para uso agrícola,
- agua para uso industrial,
- agua para la naturaleza.

Estas cuatro grandes categorías compiten por un recurso limitado y existen entre ellas desigualdades en cuanto a su peso político y económico. Se puede citar el ejemplo del agua para la naturaleza, en comparación con el peso económico y político de la agricultura o la industria. Pero también hay grandes inequidades en la forma en que los responsables de la toma de decisiones tienen en cuenta los intereses de las zonas urbanas y rurales, y por supuesto, los de los ricos y los pobres.

El acceso al agua potable y al saneamiento ha cobrado mayor importancia gracias a su reconocimiento como derecho humano, lo que también le ha conferido un peso especial y necesario. Este reconocimiento también va más allá de los objetivos de desarrollo del milenio (ODM) del año 2000 y encaja en los objetivos de desarrollo sostenible (ODS) de 2015 (objetivo 6) al destacar algunos valores nuevos como la calidad del agua y de los servicios, la accesibilidad y las tarifas asequibles.

Pero también hay malentendidos sobre este derecho al agua, especialmente en lo que se refiere a la participación del sector privado con ánimo de lucro en los servicios de agua potable y saneamiento.

Asociaciones público-privadas

Aun así, las asociaciones público-privadas (APP) siguen siendo una opción. Aportan conocimientos técnicos y gestores tanto en el ámbito urbano como en las zonas rurales y en las pequeñas ciudades. Esta mayor capacidad es especialmente importante para las autoridades locales, que en el contexto de la descentralización deben satisfacer una enorme demanda de servicios con recursos financieros y humanos a menudo muy limitados.

Los debates sobre esta cuestión se han centrado excesivamente en las empresas internacionales, olvidando la importancia y el potencial de desarrollo del sector privado nacional y de los pequeños empresarios locales, por ejemplo, los operadores de las pequeñas ciudades de Mauritania, o Plastiforte/Aguatuya en Bolivia. En la actualidad, este sector privado local es a menudo el único presente para garantizar un servicio mínimo en las zonas urbanas desfavorecidas.

Hace unos años, la Agencia Suiza para el Desarrollo y la Cooperación (COSUDE), junto con la Secretaría de Estado para Asuntos Económicos (SECO) y La compañía de reaseguros SwissRe, entabló un diálogo internacional muy amplio con el fin de desarrollar algunos principios para la implementación de dichos proyectos.

Tales principios están construidos en torno a valores fundamentales, especialmente el agua potable como derecho humano, la debida consideración del desarrollo sostenible, la participación justa en los procesos y la buena gobernanza. Estas directrices se estructuran en torno a una decena de principios clave, como la responsabilidad ante los pobres, la protección de los recursos y la transparencia. En ningún caso constituyen una visión neoliberal que promueva la privatización de los servicios o la abdicación del Estado. ¡El agua no se cobra a precio de mercado!

Además, la participación de la sociedad civil es de suma importancia, especialmente la de los representantes de los pobres como socios en la implementación, el apoyo y el seguimiento de estos procesos.

Consideramos que, adoptando este enfoque prudente, participativo y transparente, el concepto de APP puede aportar una importante contribución, pero es solamente una opción, que si se elige no debe ser en ningún caso una condición impuesta por las instituciones de financiamiento.

Sin embargo, como ya se ha mencionado, la cuestión del "agua" no debe reducirse a la cuestión del agua potable.

Como es sabido, se necesitan 400.000 litros de agua para fabricar un coche. Se trata de "agua virtual", es decir, la cantidad que se necesita para fabricar productos o prestar servicios más el agua contaminada generada en el proceso. Esta cantidad total es la huella hídrica de un producto, un concepto relativamente nuevo.

El sector privado es esencial para reducir esta huella. Para ello, hemos establecido algunas alianzas con grandes empresas suizas, como Nestlé, Syngenta, Holcim, activas sobre todo en los países del Sur. El interés aquí radica en que debemos reducir no solo la huella de las fábricas, sino también la de sus proveedores (agricultura, minas, etc.). ¡No se puede ignorar, por ejemplo, que el 80% de la huella hídrica de Suiza se "genera" fuera del país!

Además, la Organización Internacional de Normalización (conocida como ISO por su sigla en inglés) ha incorporado el nuevo ámbito de la normalización de los servicios de gestión del agua potable. Está centrando sus esfuerzos en la gestión del suministro del agua, la preservación del abastecimiento de agua en caso de crisis y la eficiencia de las redes de distribución. En el ámbito mundial, Suiza es un importante impulsor de las normas ISO relativas a la huella hídrica.

Algunos actores sugieren incluso fomentar un mercado de compensaciones de agua similar al sistema de compensación de las emisiones de carbono, aunque en principio esto no sea necesariamente una buena idea; aun así, es necesario analizar su relevancia para la movilización de fondos para el agua.

Otro aspecto es el relacionado con el hecho de que las tecnologías verdes —de las que tanto se habla hoy en día— podrían tener un impacto positivo e impulsar causas fundamentales como la lucha contra la pobreza. En los países pobres se están poniendo en marcha muchos emprendimientos para gestionar la tecnología verde, y estos necesitan apoyo.

Varios emprendimientos y pequeñas y medianas empresas de Suiza y de todo el mundo están llevando a cabo desarrollos tecnológicos para hacer frente a los retos del agua, con una clara voluntad de apoyo a la base de la pirámide social en los países en desarrollo y emergentes, siendo al mismo tiempo responsables con el medio ambiente[10].

En este sentido, en los últimos años se han producido avances considerables en cuanto a la fiabilidad y la reducción de costos de las membranas. Esto supone una buena oportunidad para mejorar y ampliar las capacidades de tratamiento del agua.

Los retos específicos de estas valientes iniciativas de nueva creación son difíciles. Además del aspecto tecnológico, incluyen la necesidad de tener un modelo empresarial sólido capaz de sostener el funcionamiento y el mantenimiento de los equipos y la limitación de producir agua al precio local. Considero que estos compromisos deben ser apoyados.

Referencias

Donor Committee for Enterprise Development 2013 *Donor Partnerships with Business for Private Sector Development. What can we Learn from Experience?* https://www.enterprise-development.org/wp-content/uploads/DCEDWorkingPaper_PartnershipsforPSD LearningFromExperience_26Mar2013.pdf

---

[10] Hay un listado disponible en el apartado de "Asociaciones para un comportamiento empresarial básico respetuoso con el medio ambiente" en *Public Private Development Partnership evaluation* de 2013 [evaluación de las alianzas público-privadas para el desarrollo], publicada en 2013 por la COSUDE.

Edelenbos, Jurian e Ingmar van Meerkerk (eds.) 2016   *Critical Reflections on Interactive Governance: Self-organization and Participation in Public Governance*. Edward Elgar Publishing. 10.4337/9781783479078.

Heinrich, Melina 2013 *Evaluation Stocktaking Assessment of Public Private Development Partnership of SDC:* Cambridge UK: https://www.newsd.admin.ch/newsd/NSBExterneStudien/337/attachment/en/1247.pdf

Swiss Water Partnership: https://www.swisswaterpartnership.ch/

UN Global Compact: https://www.unglobalcompact.org; véase especialmente Ten Principles [Diez principios] y Management Model [Modelo de gestión]

4

AGUA, NECESIDAD VITAL Y JUSTICIA GLOBAL: UNA PERSPECTIVA JURÍDICA

Laurence Boisson de Chazournes

En 2010, tanto la Asamblea General de las Naciones Unidas como el Consejo de Derechos Humanos señalaron la necesidad de reconocer y proteger el derecho de acceso al agua potable y al saneamiento[11]. Aunque las razones por las que se adoptó cada una de estas resoluciones pueden ser diferentes, el objetivo declarado era el de proporcionar a todos los seres humanos acceso al agua potable y a un sistema de saneamiento.

El hecho de que la Asamblea General y el Consejo de Derechos Humanos de las Naciones Unidas aprobaran estas resoluciones envió un poderoso mensaje político sobre la importancia de este derecho. Algunos de sus componentes jurídicos están reconocidos por algunos

---

[11] Laurence Boisson de Chazournes es profesora de la Facultad de Derecho de la Universidad de Ginebra. Como asesora principal del departamento jurídico del Banco Mundial (1995-1999), colaboró con otras organizaciones internacionales. Es experta en derecho internacional, solución de controversias (CIJ, OMC e inversiones) y derecho ambiental. Es autora de numerosas publicaciones relacionadas, en particular, con el derecho ambiental internacional y la protección y gestión del agua.

instrumentos internacionales y están implícitos en otros. Por ejemplo, según el comentario sobre el derecho al agua del Pacto Internacional de Derechos Económicos, Sociales y Culturales (OHCHR, 2008), este derecho se desprende del derecho a una vida digna. Las resoluciones de la ONU mencionadas anteriormente han permitido fijar un estado de situación político, y a la vez han contribuido a dar a este derecho un lugar propio en la agenda internacional. El trabajo realizado por el Relator Especial del Consejo de Derechos Humanos ha contribuido a perfeccionar su contenido y a poner de manifiesto los enormes vacíos en la responsabilidad de la comunidad internacional en materia de saneamiento y las desigualdades existentes.

Promover el derecho al agua en la normativa internacional sobre los derechos humanos contribuye a configurar un discurso igualitario sobre el acceso al agua. Se señala a los Estados su responsabilidad de cumplir este objetivo. Están obligados a respetar la ley y a asegurarse de que las entidades no gubernamentales bajo su jurisdicción o supervisión también la respeten. En consecuencia, las entidades privadas y públicas responsables de la distribución de agua están sujetas a las disposiciones de esta ley, y más concretamente a la exigencia de que los servicios relacionados se presten a todos en condiciones sociales y legales dignas.

El acceso, la calidad, la disponibilidad y el precio asequible son algunas de las condiciones para hacer efectivo el derecho al agua. Cada individuo debe disponer de agua suficiente para satisfacer sus necesidades personales. La calidad debe ser tal que no ponga en riesgo la salud del consumidor, y los medios de aprovisionamiento deben ser accesibles. El costo de las instalaciones necesarias para implementar el derecho y suministrar el servicio no debe ser prohibitivo. De hecho, el costo debe ser razonable teniendo en cuenta los recursos de la población en cuestión.

Los Estados tienen la obligación de garantizar el acceso de todos al agua sin excluir a los grupos marginados por razones sociales, económicas o culturales. De hecho, la implementación de este derecho debe cumplir los requisitos del principio de igualdad y no discriminación, que exige que la aplicación se realice mediante estrategias proactivas destinadas a satisfacer los derechos de las poblaciones desfavorecidas y vulnerables. En este sentido, la promoción del derecho al agua complementa el objetivo de desarrollo del milenio (OMD) relativo al agua y al saneamiento, al reclamar un enfoque no discriminatorio para alcanzar este objetivo.

En el plano internacional, las políticas de desarrollo, ayuda y cooperación no pueden disociarse de estas aspiraciones. La falta de acceso al agua y al saneamiento suele estar vinculada a cuestiones de pobreza o de organización social y política. En lo que respecta a la ayuda pública y al desarrollo, la promoción del estado de derecho debe guiar las actividades normativas, institucionales y operativas en el ámbito del acceso al agua y al saneamiento. En este sentido, el logro de los OMD se beneficiará de la promoción de los derechos humanos, y los derechos humanos se beneficiarán del impulso dado por la Asamblea General de la ONU en el año 2000 con el fin de alcanzar los objetivos señalados para 2015.

Los derechos humanos son portadores de justicia tanto en el nivel nacional como en el internacional. Deben inspirar la acción nacional e internacional en este ámbito y servir de parámetros para evaluar sus méritos. Las leyes nacionales que se aplican a los operadores públicos y privados deben cumplir estas normas, especialmente en lo que respecta al acceso universal al agua, incluido el de las personas más vulnerables. En el plano internacional, además de sus esfuerzos en materia de cooperación y ayuda, las organizaciones internacionales contribuyen con sus diversas actividades a reforzar el contenido del derecho al agua y al saneamiento mediante la adopción de estándares de calidad, velando por la protección de los ecosistemas acuáticos vitales en cuanto fuentes de agua y garantizando que las actividades operativas no entorpezcan la implementación del derecho al agua potable y al saneamiento.

Referencias

OHCHR (Oficina del Alto Comisionado de las Naciones Unidas para los Derechos Humanos) 2008 Pacto Internacional de Derechos Económicos, Sociales y Culturales. Disponible en: https://www.ohchr.org/sp/professionalinterest/pages/cescr.aspx

5

EL DERECHO A LA ALIMENTACIÓN Y EL DERECHO AL AGUA: ¿SON EL MISMO DESAFÍO?

Christian Häberli

Derecho al agua, comercio y perspectivas de inversión

Mi investigación en el World Trade Institute (WTI) de la Universidad de Berna se centra en las normas de comercio e inversión relevantes para la seguridad alimentaria[12]. Me gustaría explorar aquí los paralelos entre las normas aplicables al derecho a la alimentación y al derecho al agua, ambos consagrados en la legislación nacional e internacional sobre derechos humanos.

En un capítulo titulado "Dios, la OMC y el hambre", escrito para un libro sobre pobreza y comercio, muestro la fragmentación existente entre los derechos humanos y el derecho de los tratados económicos.

---

[12] Como investigador y profesor en el World Trade Institute (WTI) de la Universidad de Berna, Christian Häberli aborda la seguridad alimentaria desde el punto de vista del comercio y la inversión. Asimismo, es consultor en materia de investigación científica y sensibilización en Europa, Asia, África y América. Su carrera profesional en la Organización Internacional del Trabajo (OIT) y el Gobierno suizo lo llevó a presidir el Comité de Agricultura de la Organización Mundial del Comercio (OMC) y a participar como ponente en una veintena de procedimientos de arbitraje.

Comienzo con un análisis de las tres grandes religiones monoteístas, el judaísmo, el cristianismo y el islam. Todas ellas nacieron entre las grandes cuencas fluviales de Mesopotamia y Egipto, en una región centrada desde siempre en el acceso al agua, y donde la hambruna era un fenómeno bien conocido y causante de la migración y el éxodo.

El elemento común a las tres teologías es la noción de justicia distributiva. No en un simple sentido de caridad, sino como una obligación inherente a todos los miembros del pacto, de la *ecclesía*[13] o del *Dar al Islam*[14]: la limosna para judíos y cristianos, o el azaque[15] basado en la *sharia*[16] islámica es una obligación que trasciende la caridad, y se deriva directamente del amor de Dios por el pueblo y de su mandamiento de amar al prójimo.

Curiosamente, las primeras constituciones del mundo (Ucrania, 1710; Prusia —*Preussisches Landrecht*—, 1794) reconocen los derechos y obligaciones sociales precisamente bajo las mismas premisas. Esto se ha mantenido similar más o menos hasta nuestros días, con la nueva Constitución de Kenia que reconoce el derecho a la alimentación, o la Constitución de Camboya que reconoce los derechos tradicionales y comunales a la tierra, incluido el acceso al agua.

En el sistema de la ONU, con respecto a la pobreza y el hambre, tenemos ahora el Pacto Internacional de Derechos Económicos, Sociales y Culturales (PIDESC)[17], que entró en vigor en 1976 y que encuentra sus raíces en la Declaración Universal de Derechos Humanos de 1948. El artículo 11, 2 dice lo siguiente:

---

[13] Ecclesía, comunidad de fieles. (N. del t.).

[14] *Dar al islam*, literalmente 'casa del islam'; 'tierra del islam'. (N. del t.).

[15] En el islam, el azaque o *zakat* es una proporción fija de la riqueza personal que debe tributarse para ayudar a los pobres y necesitados. (N. del t.).

[16] Ley religiosa islámica. (N. del t.).

[17] Adoptado por la resolución 2200A (XXI) de la Asamblea General de las Naciones Unidas el 16 de diciembre de 1966.

Los Estados Parte en el presente Pacto, reconociendo el derecho fundamental de toda persona a estar protegida contra el hambre, adoptarán, individualmente y mediante la cooperación internacional, las medidas, incluso programas específicos, que se necesitan para [...] mejorar los métodos de producción, conservación y distribución de alimentos [... a fin de] asegurar una distribución equitativa de los alimentos mundiales en relación con las necesidades [...] (OHCHR, 2008).

La profesora Boisson de Chazournes hacía referencia en su intervención al pacto de la ONU sobre el agua. ¿Es lo mismo? Al menos a primera vista, sí. Pero primero veamos cómo se traducen estos nobles objetivos y palabras en el derecho económico internacional.

Abordaré, en primer lugar, las normas sobre el comercio y, en segundo lugar, aquellas sobre la inversión que se aplican al hambre y a la alimentación, y luego volveré al agua. Creo que podrán apreciar fácilmente lo cerca que estamos del agua, y dónde están las diferencias.

Reglas para el comercio, reglas para la inversión

En cuanto al comercio, empezaré por la OMC.

El objetivo del Acuerdo sobre la Agricultura de la OMC, según su preámbulo, es "establecer un sistema de comercio agropecuario equitativo y orientado al mercado", en el que "los compromisos en el marco del programa de reforma deben asumirse de forma equitativa entre todos los miembros, teniendo en cuenta las preocupaciones no comerciales, incluida la seguridad alimentaria y la necesidad de proteger el medio ambiente". El mandato de negociación de la Ronda de Doha expresa los mismos objetivos (Häberli, 2012).

Por primera vez en la historia, el comercio agrícola mundial está regulado básicamente en tres disciplinas (los llamados "pilares" del Acuerdo sobre la Agricultura): (i) se limitan todas las medidas de apoyo a la producción con efecto de apoyo a los precios, (ii) se han reducido los importes y volúmenes históricos de las subvenciones a la exportación y se prohíben otras nuevas y (iii) todas las medidas de protección en frontera deben consistir ahora únicamente en aranceles; estos aranceles se redujeron un poco y ya no pueden aumentarse libremente.

El problema ahora es que, si bien se redujeron (hasta cierto punto) las subvenciones internas y a la exportación, otros instrumentos que por su naturaleza distorsionan la competencia siguen sin regularse en gran medida, en particular la ayuda alimentaria internacional, los créditos a la exportación, las exportaciones estatales y las restricciones a la exportación. Estos instrumentos políticos tienen una relación evidente con la famosa "igualdad de condiciones" que permitiría alcanzar un nivel óptimo de seguridad alimentaria mundial. Cuando se produjo la crisis alimentaria, muchos mercados de productos básicos se cerraron, sin que los países en desarrollo pudieran satisfacer sus necesidades de importación de alimentos en el mercado mundial. Los países ricos no tuvieron esos problemas. Al reducir sus aranceles de importación aplicados, pudieron importar alimentos y piensos para asegurar el abastecimiento a precios asequibles sin perjudicar a sus propios productores.

Por lo que se refiere a las inversiones, la dicotomía entre los derechos humanos y el derecho económico es aún mayor. La justicia distributiva parece aún más remota en este caso que en el de las normas comerciales. La OMC (1994) no ofrece ninguna disciplina de inversión en el contexto de la seguridad alimentaria. Los tratados de inversión pertinentes, en su mayoría bilaterales, protegen incluso a los inversores que violan los derechos humanos y las normas medioambientales y que pueden beneficiarse de la sobreprotección y la ausencia de regulación previstas en estos acuerdos. Se trata de un caso chocante de fragmentación de las normas, ya que ni el gobierno de origen ni el de acogida pueden tener interés en los proyectos de inversión denominados "de expropiación de tierras". Tal vez se pueda esgrimir aquí un argumento válido en favor de la protección del "interés público" en estos tratados.

En general, parece que las actuales normas internacionales de comercio e inversión no son adecuadas para abordar los problemas del comercio de alimentos que tienen un impacto negativo en el plano nacional y en el familiar. Puede decirse que estas deficiencias violan el derecho a la alimentación establecido en los tratados de derechos humanos. Lo que está claro, sin embargo, es que estamos ante un trabajo a medio hacer, y uno, por cierto, que ni siquiera los resultados previstos en las ya muertas negociaciones de la Ronda de Doha habrían mejorado realmente. En realidad, algunas lagunas importantes podrían aumentar aún más, perjudicando la seguridad alimentaria mundial y nacional, especialmente en tiempos de precios altos de los alimentos.

Una ruta propuesta

Lo ideal sería que las posibles soluciones relacionadas con el comercio y el desarrollo se concretaran en un paquete de medidas coordinadas. Veo cuatro medidas de este tipo que, implementadas conjuntamente, cumplirían el compromiso de la comunidad internacional establecido en los tratados de derechos humanos.

1. Los países pobres en vías de desarrollo deben conservar un margen de maniobra para políticas de protección, al menos temporal, de sus frágiles productores agrícolas. En todo caso, los acuerdos comerciales regionales podrían dejarles en última instancia pocas opciones en cuanto a la protección efectiva de las fronteras.

2. La ausencia de nuevas disciplinas en las restricciones a la exportación y la competencia en la exportación, incluyendo

especialmente la ayuda alimentaria, son las amenazas más flagrantes para la seguridad alimentaria. Estos problemas deben abordarse en la OMC. Como mínimo, la decisión del G-20[18] de noviembre de 2011 de eximir los contingentes de ayuda alimentaria de las restricciones a la exportación debería haberse hecho efectiva inmediatamente.

3. Las instituciones financieras internacionales deben revisar sus políticas de inversión y sus prioridades de préstamo, incluso para sus programas de investigación y desarrollo.

4. Lo mismo se aplica a los tratados bilaterales de inversión, al menos en lo que respecta a la adquisición de tierras agrícolas en países vulnerables.

En conclusión, y para abrir el debate, permítanme preguntarles cuáles serían las implicaciones de todo esto para el agua.

El principal paralelo, en mi opinión, es la fragmentación entre lo que yo llamo la sobreprotección y la subregulación de la inversión extranjera directa (IED) en alimentos y agua. El derecho económico permite "hacer daño", algo que las disposiciones de derechos humanos prohíben explícitamente. John Ruggie, Representante Especial del Secretario General de la ONU para los derechos humanos en relación con las empresas y las empresas transnacionales (ETN), elaboró un marco tripartito sobre las empresas y los derechos humanos que incluye (i) el deber de protección por parte del Estado, (ii) la *responsabilidad de respeto* por parte de las ETN y (iii) *remedios adecuados* para las violaciones de los derechos humanos[19]. Señaló que una norma social "ha adquirido un reconocimiento casi universal por parte de todas las partes

---

[18] Foro internacional integrado por 19 países industrializados y emergentes de todos los continentes y la Unión Europea. Reúne al 66 % de la población mundial y al 85 % del producto bruto mundial. (N. del t.).

[19] Véase: https://www.business-humanrights.org/es/temas-centrales/principios-rectores-sobre-empresas-y-derechos-humanos/ (consultado 6/06/2021).

interesadas, es decir, la responsabilidad de las empresas de respetar los derechos humanos o, dicho de forma sencilla, de no infringir los derechos de otros".

Considero que la principal diferencia es que la responsabilidad y la "justicia distributiva" de los alimentos recae en principalmente en el ámbito nacional. Los alimentos se comercializan a través de las fronteras mucho más que el agua, y ya se sabe que incluso incluye cantidades impresionantes de "agua virtual" (por ejemplo, el café de Etiopía contiene 150 litros por taza: una cuestión de acceso y asignación). Por otra parte, la cuestión de la asignación del agua, incluso para el riego, es una cuestión nacional. Esto funciona más o menos bien en todas partes. Se han mencionado las enseñanzas del Antiguo Testamento. Como saben los juristas de la sala, esto también fue objeto de muchas disposiciones en el derecho romano, y también de disputas a lo largo de la Edad Media.

El agua nunca ha fluido libremente. El agua nunca ha fluido libremente, y fluye aún menos libremente en tiempos de globalización y en situaciones de extrema pobreza, en las que el precio del agua alcanza su punto más alto[20]. La OMC y otros acuerdos comerciales han mejorado las oportunidades para los productores agrícolas eficientes. Pero ni siquiera han abordado el derecho al agua. Y no hay ningún compromiso en cuanto a la partida de "servicios" de las negociaciones de acceso al mercado (GATS). Aquí es donde creo que hay una necesidad urgente de investigación y política a nivel nacional e internacional. Las obligaciones internacionales en materia de derechos humanos que todos nuestros gobiernos suscribieron en Nueva York deben guiar esta búsqueda de soluciones. Todas las partes interesadas

---

[20] Según un informe muy reciente e impactante, los habitantes de la India tienen más teléfonos móviles que acceso a las letrinas. Lo más chocante no es que los ciudadanos de Israel utilicen más agua que los suizos, sino que tienen cuatro veces más que los palestinos que viven en la misma zona.

deben participar en este cuestionamiento. Todos estamos llamados a contribuir.

Referencias

Häberli, Christian 2012   "Do WTO Rules Improve or Impair the Right to Food?", capítulos en: Joseph A. McMahon y Melaku Geboye Desta (eds.), *Research Handbook on the WTO Agriculture Agreement*, chapter 3, Edward Elgar Publishing.

Hoekstra, A. Y., A. K. Chapagain, M. M. Aldaya y M. M. Mekonnen 2012, *The water footprint assessment manual: Setting the global standard*. London: Routledge. 2009 *Water footprint manual*. Enschede: Water footprint network.

Konar, M., C. Dalin, S. Suweis, N. Hanasaki, A. Rinaldo, e I. Rodriguez-Iturbe 2011 "Water for food: The global virtual water trade network". *Water Resources Research*, 47(5).

OHCHR (Oficina del Alto Comisionado de las Naciones Unidas para los Derechos Humanos) 2008 *Pacto Internacional de Derechos Económicos, Sociales y Culturales*. Disponible en: https://www.ohchr.org/sp/professionalinterest/pages/cescr.aspx

OMC (Organización Mundial del Comercio) 1994 http://www.wto.org/Spanish/docs_s/legal_s/14-ag.pdf

Technical University Berlin, Chair of Sustainable Engineering. https://www.see.tu-berlin.de

6

CONTAMINACIÓN POR PLÁSTICOS EN LA CADENA ALIMENTARIA: ¿MITO O REALIDAD?

Annie Balet

La contaminación de las aguas superficiales por materiales plásticos es solo la parte visible de un problema que preocupa tanto a los científicos como al público en general[21]. Los artículos de prensa hablan de la amenaza de desaparición de grandes animales marinos y, más recientemente, de la presencia de pequeñas partículas de plástico en nuestros alimentos. Para separar el mito de la realidad, los investiga dores han estudiado las propiedades físicas y químicas del plástico, han medido la contaminación en la columna de agua y han comprobado la presencia de microplásticos en la red alimentaria[22] y el equilibrio de los ecosistemas.

Los plásticos están formados por largas cadenas de grandes moléculas o polímeros a los que se añaden aditivos para obtener propiedades específicas. Estas moléculas sintéticas hidrofóbicas tienen la capacidad de adsorber[23] y concentrar contaminantes orgánicos persistentes

---

[21] Para conocer más sobre Annie Balet, véase la sección "Las y los autores" al final del libro.

[22] La red alimentaria o trófica es la red de cadenas alimentarias que se cruzan y superponen en un ecosistema.

[23] Las moléculas adsorbidas se adhieren a la superficie de un objeto, mientras que las moléculas absorbidas penetran en el objeto.

y tienen una vida útil estimada de 100 a 1.000 años. Sin embargo, bajo la acción combinada de la luz y la erosión mecánica (viento, olas, corriente), los plásticos se fragmentan en pequeñas partículas de menos de 5 mm cuyo aspecto se asemeja al del plancton. A estos se añaden otros microplásticos que se vierten directamente en el medio ambiente, como las microperlas[24] de los cosméticos y los productos de cuidado personal, así como las microfibras desprendidas durante el lavado por los textiles de vellón (polar) fabricados con tereftalato de polietileno (más conocido como PET por sus siglas en inglés) reciclado, que no son filtradas completamente por las plantas de tratamiento de aguas residuales. El drenaje pluvial y las torrenteras también contienen gránulos de preproducción que se pierden durante el transporte. Estos gránulos, del tamaño aproximado de huevecillos de pez, también llamados *pellets* o lágrimas de sirena, acaban con el resto de microplásticos en ríos y lagos y se acumulan en los océanos.

Las concentraciones de microplásticos en las aguas superficiales medidas recientemente en el Mediterráneo, los Grandes Lagos (EE. UU. y Canadá), el lago Lemán y los ríos Danubio, Támesis, Rin y Ródano son muy elevadas, comparables a las encontradas en los giros oceánicos. En algunos lugares hay tanto microplástico como plancton. Incluso las aguas de zonas muy poco pobladas y no industrializadas están contaminadas, como las del lago Khovsgol en Mongolia, lo que indica que toda la hidrosfera está contaminada por el plástico. La contaminación de las aguas superficiales es solo una parte del problema. Los sedimentos también están muy contaminados con restos de plástico. No solo los plásticos más densos que el agua caen al fondo, sino que los

---

[24] Son esferas de plástico pequeñísimas que pueden encontrarse en exfoliantes faciales, geles de baño y pastas de dientes, entre otros productos. Forman parte de los microplásticos en general. (N. del t.).

plásticos más ligeros que se bioincrustan[25] pierden su flotabilidad y se hunden también. Así, toda la columna de agua contiene plásticos que pueden interactuar con los organismos de todos los niveles tróficos de la red alimentaria, especialmente con el zooplancton y los detritívoros, pequeños organismos situados en la parte inferior de las cadenas alimentarias que viven en la superficie del agua o en los sedimentos.

Desde hace tiempo es bien sabido que la ingestión de plásticos puede provocar la muerte de grandes animales marinos por asfixia u obstrucción del tracto digestivo. Por ejemplo, los albatros adultos y sus crías mueren de inanición tras confundir con comida objetos de plástico cubiertos de huevos u organismos marinos comestibles. Esta confusión alimentaria también se describe en un reciente estudio de la Escuela Politécnica Federal de Lausana (EPFL) sobre el lago Lemán, Suiza. Los restos de plástico se encuentran en las mollejas del 89% de las aves acuáticas muertas (garzas, cisnes, ánades reales), así como en los estómagos del 7,5% de los pequeños peces carnívoros (luciopercas y blanquillos) encontrados muertos. Los excrementos de las gaviotas en el puerto de Vidy contienen microesferas de plástico y otros tipos de plásticos. Según algunos autores, los desechos plásticos causan cada año la muerte de 1,5 millones de animales de más de 250 especies, incluidos crustáceos, peces, tortugas, aves y mamíferos en el medio marino. Los plásticos también provocan una falsa sensación de saciedad que hace que los animales coman menos. El déficit energético no solo merma su vitalidad y sus índices de reproducción, sino que amenaza la supervivencia de muchas especies y puede alterar el equilibrio trófico de los ecosistemas.

La transferencia trófica de los microplásticos que lleva a presencia de contaminantes en los alimentos de origen marino es una cuestión

---

[25] La bioincrustación o *biofouling* es la colonización de las superficies acuáticas por parte de organismos vivientes.

bastante reciente, pero ha sido investigada en varios estudios controlados realizados *in situ*.

Numerosas capturas en la naturaleza demuestran que los consumidores de plancton, como pequeños crustáceos o los peces linterna, así como los detritívoros (gusanos del fango), que son los primeros eslabones de la cadena alimentaria, ingieren microplásticos por su gran disponibilidad y su tamaño similar al del plancton y los sedimentos. Sin embargo, en los copépodos (pequeños crustáceos) que se alimentan de algas microscópicas en suspensión en el agua (fito plancton), los investigadores pudieron observar las partículas de plástico fluorescente ingeridas y luego expulsadas en la defecación. El tiempo de tránsito intestinal es de unas horas en los copépodos y de varios días en los peces.

Aunque estas observaciones implicarían que la contaminación de la cadena alimentaria es un mito, otras investigaciones apoyan la hipótesis de la bioacumulación y la transferencia trófica de los microplásticos. Los estudios muestran que los mejillones del mar del Norte contienen micropartículas de plástico de entre 0,2 y 0,3 µm en las glándulas digestivas. En condiciones controladas, las microperlas de poliestireno fluorescente de aproximadamente 10 µm ingeridas a través del tubo digestivo y las branquias de los mejillones azules pueden acumularse en la hemolinfa (sistema circulatorio). Además de esta bioacumulación, otro estudio muestra que las partículas se transfieren a los cangrejos. Se encuentran microperlas de poliestireno de 0,5 µm en el estómago y la hemolinfa de cangrejos alimentados durante cuatro horas con mejillones expuestos durante una hora a las partículas. Aunque la tasa de retención de microfibras por parte de los mejillones es baja (0,28%), al igual que la tasa de transferencia a los cangrejos (0,04%), este estudio demuestra que algunos plásticos se transfieren a la cadena alimentaria.

Aunque la ingestión directa de microplásticos es difícil de distinguir de la translocación[26], en las especies de trófico superior se sospecha fuertemente. En los peces que se alimentan de pequeños organismos, el nivel de contaminación del contenido estomacal es del 20 al 40%, dependiendo de la especie y de las zonas de captura (marinas o de agua dulce). La contaminación de los cormoranes de doble cresta que viven en la región de los Grandes Lagos y de los leones marinos de las islas subantárticas indica que los microplásticos llegan a los organismos de los niveles tróficos más altos de la red alimentaria marina y a los más alejados de las zonas habitadas e industrializadas.

Y lo que es más grave aún, los plásticos no solo transportan aditivos como los ftalatos, los bisfenoles y los retardantes de llama (PBDE), sino que también adsorben y concentran en su superficie contaminantes orgánicos persistentes (DDT, PCB[27] o HAP[28]), hasta un millón de veces la cantidad medida en el agua. Se sabe que todas estas sustancias bioacumulables y tóxicas persistentes (PBT) son disruptores endocrinos o carcinógenos.

Un estudio muestra que se ha identificado DDT, PCB y PBDE (polibromodifenil éteres) en la mayoría de los alevines de platija capturados en el giro central del Pacífico norte. Los autores concluyen que, aunque la fuente de los PCB y el DDT no puede determinarse fácilmente, la presencia masiva de microplásticos como fuente de PBDE quedó fuertemente corroborada.

La liberación de toxinas, así como el efecto tóxico de los PBT resultantes de la contaminación marina, se pone de evidencia en el medaka, un pequeño pez de laboratorio. La concentración de PBT en el tejido adiposo de individuos expuestos durante dos meses a

---

[26] La translocación es el paso de pequeñas partículas a los tejidos.

[27] El uso de PCB o policlorobifenilos está prohibido en Francia desde 1987.

[28] HAP: hidrocarburos aromáticos policíclicos producidos durante la combustión incompleta.

microplásticos de polietileno sumergidos durante tres meses en la bahía de San Diego (California) y contaminados con PCB, HAP y PBDE es mucho mayor en relación con los controles. Además de la alteración endocrina de la función gonadal, se observó estrés fisiológico, con agotamiento del glucógeno en el 74% de los peces contaminados, necrosis de las células hepáticas en el 11% y un tumor hepático en un pez.

Otros investigadores expusieron a los mejillones a microplásticos de polietileno contaminados con HAP durante dos meses. Descubrieron que los mejillones no solo ingieren y acumulan microperlas de plástico en la hemolinfa, sino que el 20% muestra un crecimiento atrofiado, el 41% una disminución de la fertilidad y también señalan un deterioro de la respuesta inmunológica y estrés oxidativo en comparación con los mejillones no expuestos. Estos efectos tóxicos indican que los contaminantes transportados por los fragmentos de plástico se transfieren a los tejidos internos de los organismos, a pesar de que la capacidad de retención del PVC es mayor que la de la arena, como demuestra otro estudio realizado con gusanos del fango.

Otro riesgo ecológico poco estudiado de los desechos plásticos en el océano es el transporte de especies a lugares donde no estaban presentes anteriormente. Un solo trozo de plástico de 4 m, que llegó a la costa occidental de Canadá tras el tsunami de 2011 en Japón, transportó 54 especies nuevas para los ecosistemas norteamericanos. Estas balsas artificiales forman un ecosistema (plastísfera) diferente del agua marina circundante. Pueden alterar el equilibrio de la cadena alimentaria, como demuestra la proliferación de una especie de un insecto acuático (*Halobates sericeus*). Las hembras ponen sus huevos en la superficie hidrófoba de los plásticos, que son incubadores perfectos. Cuando maduran, los adultos van a parar a nuevas zonas y se alimentan de plancton y huevos de peces. Al hacerlo, no solo debilitan la base la cadena alimentaria, sino que también ponen en peligro la industria pesquera.

Estas balsas flotantes son también colonizadas por algas, que se benefician de la buena luz solar y capturan más CO_2 mediante la foto síntesis. Por desgracia, también pueden transportar algas tóxicas y bacterias patógenas peligrosas para la fauna marina. Por ejemplo, las bacterias del género *Vibrio* que causan el cólera en los humanos y atacan el sistema digestivo de los peces pueden colonizar rápidamente el polipropileno y el polietileno, presentes en grandes cantidades en los giros oceánicos. Estos microorganismos pueden hacer que el pescado capturado en su hábitat natural no sea apto para el consumo y poner en peligro la producción de peces y mariscos por acuicultura.

Otras bacterias forman una biopelícula que genera fisuras en la superficie de las partículas de polietileno, lo que sugiere una hidrólisis bacteriana. Esta biofragmentación podría sumarse a la descomposición fotoquímica y mecánica de los plásticos. Podría liberar nanoplásticos cuyo impacto sanitario y ambiental se desconoce y podría completarse con enzimas bacterianas que descomponen los hidrocarburos.

La realidad es que los animales acuáticos de todos los niveles tróficos ingieren plásticos. Estudios recientes demuestran la translocación y la transferencia trófica de los microplásticos. Por lo tanto, son vectores de sustancias tóxicas que pueden biomagnificarse[29] en la cadena alimentaria y contaminar a los mariscos y a los peces de agua dulce. Aunque el pescado se eviscera antes de su consumo, esta investigación explora una nueva fuente de exposición de los consumidores a los contaminantes químicos. No solo existe un riesgo para la salud pública, sino que se ha investigado poco sobre los efectos adversos en las cadenas alimentarias. Al provocar la muerte de muchos animales y transportar especies invasoras y microorganismos tóxicos o patógenos, la contaminación por plásticos pone en peligro los recursos del océano. Este es un problema global que ha surgido con el uso gene-

---

[29] La biomagnificación es la acumulación de toxinas en los organismos del segmento superior de la cadena alimentaria.

ralizado de los plásticos, lo que da lugar a consecuencias ambientales, sanitarias, económicas, políticas y sociales a la hora de gestionar los residuos.

Referencias

Browne, M., S. Niven, T. Galloway, S. Rowland y R. Thompson, 2013 "Microplastic moves pollutants and additives to worms, reducing functions linked to health and biodiversity". *Current Biology* 23: 2388-2392, diciembre.http://dx.doi.org/10.1016/j. cub.2013.10.012.

Farrell, P. y K. Nelson 2013 "Trophic level transfer of microplastic: *Mytilus edulis* (L.) to *Carcinus maenas* (L.)". E*nvironmental Pollution* 177: 1-3.

Faure, F., F. de Alencastro, M. Scharer y M. Kunz. 2014, *Evaluation de la pollution par les plastiques dans les eaux de surface en Suisse. Rapport final de la faculté de l'environnement naturel, architectural et construit de l'EPFL.* Lausanne: École polytechnique fédérale de Lausanne.

Gassel, M., S. Harwani, J.-S. Park y A. Jahn, 2013, "Detection of nonylphenol and persistent organic pollutants in fish from the North Pacific Central Gyre". *Marine Pollution Bulletin* 73: 231-242. Disponible en: www.elsevier.com/locate/marpolbul

Rochman, C. M., E. Hoh, T. Kurobe y S. J. The, 2013, "Ingested plastic transfers hazardous chemicals to fish and induces hepatic stress". *Scientific Reports* 3: 7.

Sussarellu, Rossana, Marc Suquet, Yoann Thomas, Christophe Lambert, Caroline Fabioux, Marie Eve Julie Pernet, Nelly Le

Goïc *et al.* 2016, "Oyster reproduction is affected by exposure to polystyrene microplastics", *Proceedings of the National Academy of Sciences* 113, núm. 9: 2430-2435. http://doi.org/10.1073/pnas.1519019113

Teuten, E. L., J. M. Saquing *et al.* 2009 "Transport and release of chemicals from plastics to the environment and to wildlife". *Philosophical Transactions of the Royal Society B: Biological Sciences*, 364 (1526): 2027-2045.

Zettler, E. R., T. J. Mincer y L. A. Amaral-Zettler 2013 "Life in the 'plastisphere': microbial communities on plastic marine debris". *Environmental Science & Technology* 47, núm. 13 (2013): 7137-7146.

7

IMPACTO DE LOS MICROPLÁSTICOS EN ORGANISMOS ACUÁTICOS: ¿PARTÍCULAS MINÚSCULAS, PROBLEMAS MAYÚSCULOS?

Vera I. Slaveykova

Los plásticos son materiales sintéticos fabricados a partir de una amplia gama de polímeros orgánicos, con más de 20 tipos diferentes en uso, como el polietileno, el PVC, el nailon, etc. [30] Según la organización Plastic Europe, la producción y el uso de materiales plásticos no deja de crecer y beneficia a la sociedad moderna. En la "era del plástico", la producción masiva de plásticos en todo el mundo ha venido aumentando de forma constante, pasando de 15 millones de toneladas en 1964 a 311 millones de toneladas en 2014. Las estimaciones señalan que más de 12,2 millones de toneladas terminan en el océano cada año, procedentes

---

[30] Vera Slaveykova es profesora de biogeoquímica ambiental y ecotoxicología en la Universidad de Ginebra y vicepresidenta de la Sección de Ciencias de la Tierra y del Medio Ambiente. Trabaja en el desarrollo de nuevas herramientas y conceptos para estudiar los procesos básicos que rigen el comportamiento de los oligoelementos (micronutrientes), las nanopartículas y los nanoplásticos en los sistemas acuáticos, procesos muy relevantes para la calidad del agua y la evaluación del riesgo ambiental. Es editora jefe del área de dinámica biogeoquímica de la revista *Frontiers in Environmental Science*.

de diferentes fuentes, lo que resulta en una creciente contaminación ambiental.

Efectivamente, la acumulación de residuos plásticos en los océanos es un problema global que crece rápidamente y que es particularmente pronunciado en los cinco principales giros oceánicos que representan focos de elevada concentración de residuos.

Desde el punto de vista ecotoxicológico, los microplásticos son contaminantes emergentes de importancia mundial que provocan una creciente preocupación por sus implicaciones medioambientales. Los microplásticos pueden proceder de fuentes primarias y secundarias. Las fuentes primarias incluyen diversos productos para el cuidado de la piel, cosméticos, pastas dentífricas y textiles sintéticos, mientras que las fuentes secundarias incluyen la descomposición de objetos de mayor tamaño por degradación y fragmentación. Diversos procesos pueden conducir a la formación de microplásticos, incluyendo la transformación y degradación física, fotoquímica y biológica. Los microplásticos se caracterizan por su pequeño tamaño y a la vez su gran superficie, lo que los hace muy reactivos. Por ejemplo, si se transforman totalmente en partículas de plástico de 40 nm, una bolsa de supermercado típica tendrá una superficie de 2.600 m^2. Representan la mayor proporción de plástico en el medio ambiente en cuanto al número de partículas por km^2, mientras que los macrodesechos representan la mayor proporción por masa (kg/km^2). Las densidades de los microplásticos varían entre 0 y 466.305 partículas de microplástico por km^2, según se indica en una reciente compilación de las mediciones disponibles de las concentraciones y distribuciones de microplásticos en aguas superficiales de los océanos, la arena de las playas, las aguas profundas de los mares y las aguas de los lagos de todo el mundo. Los grandes vertebrados pueden ingerir macrodesechos y quedar atrapados en ellos, pero a eso se añade el hecho de que los microplásticos son acumulados por organismos planctónicos e invertebrados, y luego transferidos a lo largo de las cadenas alimentarias.

Los microorganismos acuáticos pueden ingerir fácilmente los microplásticos —dado su reducido tamaño—, afectarlos y acumularlos en la cadena alimentaria acuática, contribuyendo así a que los humanos queden más expuestos a través de los alimentos. Además de la toxicidad física intrínseca, los microplásticos pueden ser vectores de metales tóxicos y microcontaminantes orgánicos y, por tanto, pueden inducir toxicidad química en cualquier organismo acuático. Pueden absorber diferentes contaminantes ambientales, por ejemplo, contaminantes orgánicos persistentes, así como lixiviar aditivos y monómeros.

La presente charla se centra en los efectos tóxicos intrínsecos de los microplásticos. El impacto de los microplásticos se ha estudiado desde la década de 1990, principalmente en los ecosistemas marinos, y se ha demostrado que afecta a las algas, los ciliados, los invertebrados, los crustáceos y los peces. Se demostró que los desechos microplásticos flotantes de baja densidad afectan significativamente a la biota pelágica, mientras que los microplásticos de alta densidad afectan a la biota bentónica. Se examinaron a fondo los factores que contribuyen a la biodisponibilidad de los microplásticos para los invertebrados marinos, incluidos el tamaño, la densidad y la susceptibilidad de las diferentes modalidades de alimentación, además de la acumulación y la translocación. Se comprobó que las partículas de polietileno de alta densidad se acumulan tanto en la superficie como en el interior de las branquias y en el intestino del mejillón azul comestible. Se observó que la exposición a micropartículas de poliestireno interfiere en la disponibilidad de energía y la reproducción de las ostras, así como en el rendimiento de sus crías. Se comprobó que las micropartículas de poliestireno de 5 μm de diámetro se acumulan en las branquias, el hígado y el intestino de los peces cebra tras siete días de exposición, mientras que las micropartículas de poliestireno de mayor tamaño (20 μm de diámetro) se acumulan únicamente en las branquias y el intestino de los peces y no se encontraron partículas similares en el hígado, lo que demuestra la importancia del tamaño de los microplásticos en la bioacumulación (Lu *et al.*, 2016).

Más recientemente, estas investigaciones se han extendido a los ecosistemas de agua dulce. A manera de ilustración, nuestra propia investigación mostró que partículas de látex con carga positiva y negativa de un tamaño de 200 nm son consumidas por la pulga de agua *Daphnia magna* (Saavedra *et al.*, 2019). La acumulación de las partículas microplásticas detectadas en el intestino de *D. magna* aumentó con su concentración en el medio de exposición. Las pruebas de exposición durante 48 horas mostraron que ambas partículas microplásticas podrían clasificarse como peligrosas para la pulga de agua. También se mostró —a partir de algunos estudios, principalmente en ecosistemas marinos— que la transferencia trófica, como una de las principales vías de exposición a los microplásticos, es un fenómeno común concurrente con la ingestión directa.

Un estudio reciente señala los primeros hallazgos de residuos plásticos en el contenido de los intestinos de los peces y bivalvos comercializados para el consumo humano, lo que ha suscitado la consiguiente preocupación por la salud humana (Rochman *et al.*, 2015). En resumen, se encontraron residuos antropogénicos en el 28% y el 25% de los especímenes de peces para el consumo humano en Indonesia y Estados Unidos, respectivamente. También se encontraron residuos antropogénicos en el 33% de los especímenes de moluscos de las muestras (*ibid.*). Estos resultados revelaron la necesidad de incluir los residuos plásticos a la hora de elaborar criterios de seguridad para los alimentos de origen marino. Curiosamente, un estudio reciente también reveló el potencial de exposición humana a los microplásticos por el consumo de sal contaminada: se descubrió que el contenido de microplásticos de 550-681 partículas/kg en las sales marinas era mucho mayor que el de las sales de lago (43-364 partículas/kg) y la sal de roca/pozo (7-204 partículas/kg) (Yang *et al.*, 2015).

En general, la contaminación por plásticos es omnipresente y las diminutas partículas de plástico emergen como un gran problema medioambiental de alcance mundial. Aunque el impacto medio ambiental de los desechos macroplásticos está ampliamente estudiado, el comportamiento y los efectos de los microplásticos, ya sean liberados involuntariamente en el medio ambiente o formados como una degradación de los macroplásticos, aún no se han dilucidado completamente. No obstante, la bibliografía existente muestra que los microplásticos podrían inducir una compleja toxicidad física y química en la biota acuática.

La evaluación del peligro ambiental y de los riesgos potenciales inducidos por los microplásticos es una tarea importante para la evaluación del riesgo ambiental. Puede proporcionar una base científica para el establecimiento de criterios sólidos de calidad ambiental. La comprensión de la posible alteración de los sistemas acuáticos y, por tanto, de los impactos potenciales en la biota acuática y en los seres humanos, así como su reducción, por ejemplo, mediante cambios en la gestión de los residuos plásticos o la reducción de la introducción de residuos plásticos terrestres en los sistemas acuáticos, es una importante prioridad de la investigación y una prioridad societal en la "era del plástico".

Referencias

Lu, Y., Y. Zhang, Y. Deng, W. Jiang, Y. Zhao, J. Geng, L. Ding y H. Ren 2016 "Uptake and Accumulation of Polystyrene Microplastics in Zebrafish (*Danio rerio*) and Toxic Effects in Liver". *Environmental Science & Technology* 50(7): 4054-4060.

Rochman, C. M., A. Tahir, S. L. Williams, D. V. Baxa, R. Lam, J. T. Miller, F.-C. Teh, S. Werorilangi y S. J. The 2015 "Anthropogenic debris in seafood: Plastic debris and fibers from textiles in fish and bivalves sold for human consumption". *Scientific Reports*, 5: 14340. Disponible en: https://doi.org/10.1038/srep14340

Saavedra, J., S. Stoll y V. I. Slaveykova 2019 "Influence of nanoplastic surface charge on eco-corona formation, aggregation and toxicity to freshwater zooplankton". *Environmental Pollution* (Barking, Essex, 1987) 252: 715-722. Disponible en: https://doi.org/10.1016/j.envpol.2019. 05.135

Yang, D., H. Shi, L. Li, J. Li, K. Jabeen y P. Kolandhasamy 2015 "Microplastic Pollution in Table Salts from China". *Environmental Science & Technology* 49(22): 13622-13627.

8

EL TENAZ COMBATE DE SINGAPUR
CONTRA EL ESTRÉS HÍDRICO

Evelyne Fiechter-Widemann

La cuestión del agua potable debe ser tomada en serio por cada uno de nosotros, pero la responsabilidad de los gobiernos es enorme[31]. El modelo de Singapur, gracias al cual este Estado-nación pasó del *tercer mundo al primero*, como escribiera el ex primer ministro Lee Kuan Yew en un libro célebre, es una lección para la humanidad. Hace unos cincuenta años, Singapur era un barrizal, los pescadores vivían en tugurios, sus casas estaban construidas sobre pilotes, sin agua corriente y sin saneamiento. Merced a la voluntad política y al esfuerzo de la población, sucedió lo inimaginable: uno de los países más pobres de la tierra se convirtió en una nación próspera y empezó a hacer oír su voz en el escenario mundial, como lo demostró el papel de Singapur en el Consejo de Seguridad de las Naciones Unidas (UNSC) de 2001 a 2002.

Por supuesto, esta dramática transformación social tuvo un costo que no se puede ignorar: sus habitantes se vieron forzados a abandonar sus *kampongs* (aldeas). Pero a cambio de ello empezaron a disfrutar de viviendas públicas subvencionadas (llamadas HDB[32]), que el Estado les

---

[31] Sobre Evelyne Fiechter-Widemann y las otras personas que han contribuido a este volumen, véase la sección "Las y los autores" al final del libro.

[32] HDB (Housing and Development Board) es la autoridad de vivienda pública de Singapur. Su meta es ofrecer a los ciudadanos viviendas asequibles y de calidad, así como un mejor entorno de vida. (N. del t.).

brindaba la opción de comprar a un precio razonable, de manera que en la actualidad el 80% de los singapurenses son propietarios de sus viviendas. Una de las consecuencias de esta transformación urbanística fue la obligación de la población de contribuir a solventar el costo del agua, y que el Estado empezara a reglamentarla. Como una suerte de compensación, los "pioneros" —como los habitantes de Singapur llaman a estas poblaciones desplazadas— gozan de un profundo respeto por parte de la generación actual, que reconoce su sacrificio en pos de una vida mejor en Singapur.

La estrategia de Singapur para lograr la suficiencia de agua para sus 5,5 millones de habitantes en una isla de apenas 710 kilómetros cua drados de extensión, es la de los "cuatro grifos"[33]. En primer lugar, Singapur ha mejorado la captación del agua de lluvia, pasando de tres embalses a diecisiete. En segundo lugar, todavía puede contar con el suministro de agua de Malasia gracias a un acuerdo sobre el agua que expira el año 2061. Los dos últimos "grifos" son el agua tratada, que se convierte en potable gracias a la desalinización y a la tecnología de membranas: la ósmosis inversa (Eslamian, 2016: 387).

Lo más destacable es que el ex primer ministro Lee Kuan Yew comprendió que este invento estadounidense de los años noventa podría resolver el dramático problema de la escasez de agua en Singapur. Por ello, insistió en promover un nuevo concepto de tratamiento de las aguas residuales para convertirlas en agua potable y lo bautizó como NEWater. Sabiendo que la población adoptaría esta nueva tecnología a regañadientes, aprovechó la fiesta nacional del Estado de 2002 para

---

[33] Singapur ha implementado un sistema de suministro de agua sólido, diversificado y sostenible a partir de cuatro fuentes de agua, conocidas como "los cuatro grifos nacionales": agua de captación local, agua importada, agua regenerada de alta calidad conocida como NEWater y agua desalinizada. Al integrar el sistema de agua y maximizar la eficiencia de cada uno de los cuatro grifos nacionales, Singapur ha superado su falta de recursos hídricos naturales para satisfacer las necesidades de una nación en crecimiento. (N. del t.).

beber NEWater en público. Reproducimos a continuación un extracto del discurso que pronunció en 2008, en la inauguración de la Semana Internacional del Agua de Singapur:

[…] con 60.000 personas en el estadio, todos bebimos NEWater que había salido de las alcantarillas. Pero pensaron que era una artimaña. No era una artimaña. Teníamos una sala de exposiciones en Bedok[34], y pedimos que por favor vinieran a verla. Y lo hicieron. Entonces se dieron cuenta de que era real.

El agua es un recurso precioso. Sin ella, te mueres. […] Por la forma en que se desperdicia el agua en todo el mundo, mal utilizada, pre

veo escasez de agua en muchos países. Además, el calentamiento de la Tierra está provocando trastornos en el suministro de agua, en los acuíferos, etc. Por tanto, creo que la recuperación del agua y la gestión de los residuos será una industria enorme porque casi todas las sociedades, especialmente China, India, los grandes países, tendrán que hacer frente a este problema.

[…] El mundo necesitará esto porque lo que antes considerábamos como una provisión ilimitada e inagotable de agua, resulta que no lo es. Y hemos descubierto que no es así y hemos encontrado una forma de salir de ello (Lee, 2017: 93).

Sin embargo, la cuestión sigue siendo si esta extraordinaria transformación de una ciudad-Estado, que extrae a la gente de la pobreza, es sostenible y constituye un modelo exportable.

Recientemente se ha podido leer en el *Straits Times* de Singapur (octubre de 2017: A6) que el nuevo asesor económico principal de China, el Sr. Liu He, se reunió con el primer ministro Lee Kuan Yew en el Foro de Davos, Suiza, en 1993, y que ya entonces asumía las observaciones de este sobre los retos de la urbanización.

---

[34] Bedok es una zona de planificación y una ciudad residencial de la costa sureste de Singapur, basada en el programa de viviendas públicas asequibles a cargo de la Junta de Vivienda y Desarrollo (HDB). (N. del t.).

Referencias

Eslamian, Saied (ed.) 2016 *Urban Water Reuse Handbook.* Boca Ratón, FL: CRC Press, Taylor & Francis Group.

Lee, Kuan Yew 2017 "Discurso en la Semana Internacional del Agua de Singapur 2008". En: *A Chance of a Lifetime: Lee Kuan Yew and the Physical Transformation of Singapore*, Didier Millet (ed.).

9

SOLUCIONES SOSTENIBLES PARA PROVEER EL ACCESO AL AGUA POTABLE Y CREAR TRABAJO EN SENEGAL

Renaud de Watteville, Christoph Stucki
y Clémence Langone

El programa Acceso al Agua (A2W) ha demostrado desde hace algunos años la factibilidad de suministrar a los hogares senegaleses agua potable purificada a partir de aguas salobres contaminadas, a un precio accesible para los aldeanos y que cubre los costos de mantenimiento, así como una parte de la amortización[35].

---

[35] Christoph Stucki tiene una maestría en Ingeniería Civil y es exdirector general del sistema de transporte público de Ginebra. Actualmente es presidente de la red de transporte público transfronterizo de Ginebra. Clémence Langone trabajó como voluntaria en Brasil para una ONG que promueve el desarrollo social y económico de las mujeres. Actualmente es directora de proyectos en la Fundación Access to Water, con sede en Romanel-sur-Lausanne, Suiza. Renaud de Watteville, de formación piloto profesional de aviación, es el fundador de Swiss Fresh Water SA, que ha desarrollado un sistema de desalinización descentralizado de bajo costo destinado a las poblaciones de bajos ingresos.

Programas de acceso al agua y de creación de empleo en Senegal

A2W es una fundación suiza sin ánimo de lucro, iniciada en 2012 por Swiss Fresh Water (SFW), que implementa programas de acceso al agua y de creación de empleo para comunidades de bajos ingresos en países en desarrollo. Desde entonces, A2W ha instalado más de 180 máquinas de tratamiento de agua en quioscos de agua llamados Diam'O (agua de la paz) en Senegal, creando unos 650 empleos directos y a la vez facilitando el acceso al agua potable a unas 380.000 personas.

La fundación A2W instala quioscos en pueblos de todos los tamaños —desde los más pequeños a los más grandes— en zonas rurales, suburbanas y urbanas. Luego establece la distribución de los gastos de mantenimiento entre estos quioscos.

Este proyecto ha sido posible gracias al financiamiento múltiple de préstamos de impacto y subvenciones. En las ciudades y los pueblos grandes, la venta de agua permite amortizar las inversiones en un plazo de 5 a 7 años, pero a partir de las pequeñas aldeas, que suelen estar en zonas rurales y remotas con necesidades urgentes de agua y son las más afectadas por la migración de los jóvenes, es necesario encontrar patrocinadores para cada quiosco de agua instalado. Gracias al Fondo de la Organización de Países Exportadores de Petróleo (OPEP) para el Desarrollo Internacional (OFID), la Orden de San Juan, al Club de Leones, a Soroptimist International y, sobre todo, al Rotary Club (RC), se han llevado a cabo varios proyectos. Por ejemplo, a través de un programa de recaudación para subvención o *global grant* iniciada por el RC Ginebra-Lac y apoyada por todas las secciones del RC Ginebra y el RC Dakar Soleil, se llevó a cabo una importante iniciativa en la región de Tambacounda, ciudad del este de Senegal, donde también se distribuye agua en escuelas y puestos de salud.

Esta agua producida localmente se vende a un precio muy asequible, acordado con las autoridades locales, que oscila entre 0,7 y 1,5 céntimos de euro por litro, es decir, entre 20 y 80 veces más barato que el agua potable de primera necesidad. Incluso a precios tan bajos, los ingresos de esta agua son suficientes para financiar los salarios locales y el mantenimiento de la infraestructura, así como la amortización de los fondos prestados por A2W para las grandes aldeas.

A2W, con sus programas en todo Senegal, pretende ofrecer una solución sostenible a las poblaciones que viven bajo estrés hídrico. La transformación del agua salobre y/o contaminada —la mayoría de las veces con bacterias y virus— en agua potable permite a las poblaciones una mejora significativa de su salud y sus condiciones de vida. Además, esta solución es económicamente sostenible y viable a largo plazo gracias a la creación de empleos directos, indirectos e inducidos, lo que favorece el desarrollo de las zonas rurales y reduce el éxodo rural. Debido a una solución que se ofrece con supervisión por Internet y mantenimiento regular, las instalaciones de quioscos de agua sufren pocas interrupciones y funcionan siempre que el proyecto reciba apoyo financiero.

El proyecto global aporta importantes beneficios en estos cuatro ámbitos:

- Salud: reducción de las enfermedades relacionadas con el agua sucia, salada o contaminada, como diarrea, fluorosis, hipertensión, cáncer, bilharziasis, etc.;
- Económico: creación de empleo y reducción del absentismo laboral;
- Cohesión social: mejora de las condiciones de vida, reducción del éxodo rural, mayor integración de las mujeres en el mercado laboral; principios de responsabilidad y rendición de cuentas;
- Medio ambiente: reducción de los residuos mediante el uso de botellas recicladas, uso de energía solar y reducción del transporte de agua gracias a la producción *in situ*.

Solución técnica

Las unidades de tratamiento de agua fueron desarrolladas en la región de Lausana por Swiss Fresh Water (SFW). Mientras que el cloro puede matar las bacterias y los virus y es, en algunos casos, una solución eficaz y necesaria, la máquina de SFW, gracias a la ósmosis inversa, puede producir agua dulce sin productos químicos, libre no solo de bacterias y virus, sino también de hormonas, antibióticos, pesticidas, metales pesados como el plomo y el mercurio y de sal.

La ósmosis inversa es un sistema de purificación del agua que contiene materiales en solución mediante un sistema de filtrado extremadamente fino (0,0001μm) que solo permite el paso de las moléculas de agua a través de una membrana semipermeable, gracias a la presurización del agua. La ósmosis inversa elimina casi todos los componentes indeseables como: bacterias, virus, cianuro, arsénico, mercurio y otros metales pesados, hormonas, antibióticos y sales.

La energía necesaria para contrarrestar la presión osmótica la proporciona la electricidad de la red o un panel solar. La fuente de agua para el tratamiento puede proceder de la red pública de suministro de agua o de un pozo, una perforación o incluso el río. Para completar la solución técnica, el sistema de telemetría permite controlar el funcionamiento de cada máquina. La telemetría por Internet permite hacer el seguimiento de cada máquina y, en caso necesario, facilita hacer el acompañamiento, desde la central, a los responsables del mantenimiento local. También permite anticiparse a posibles averías.

Cada día, la máquina puede producir hasta 4.000 litros de agua potable certificada conforme a las normas de la Organización Mundial de la Salud (OMS). La composición y el sabor del agua son muy parecidos a los del agua de lluvia, y son muy apreciados por quienes la beben. El agua se puede remineralizar para adaptarla a diferentes gustos según sea necesario.

Los aldeanos recogen el agua purificada como de costumbre en bidones y pagan al encargado del quiosco por el volumen recibido.

Cuadro 1 Dispositivo de osmosis inversa: bajo costo y descentralizado

Rendimiento y disposiciones		
	Años 1 a 4	Año 5 en adelante
Calidad del agua	Potable; libre de virus y bacterias, flúor, metales pesados, sales, etc.	Potable; libre de virus y bacterias, flúor, metales pesados, sales, etc.
Protección contra enfermedades relacionadas con el agua	Diarrea, cólera, fluorosis, hipertensión y otras	Diarrea, cólera, fluorosis, hipertensión, bilharziasis o esquistomatosis y otras
Electricidad	Suministrada por paneles solares o la red eléctrica	Suministrada por paneles solares o la red eléctrica
Agua potable tratada por día	Alrededor de 2.000 litros	Hasta 4.000 litros
Contrato de alquiler que incluye contrato de mantenimiento	El dispositivo está pagado, es propiedad de un patrocinador y luego alquilado a la comunidad de usuarios	El dispositivo está pagado, es propiedad de un patrocinador y luego alquilado a la comunidad de usuarios
Tarifa de alquiler	Cobertura de amortización y mantenimiento	Cobertura de mantenimiento y los nuevos dispositivos después de la amortización
Modalidad de pago	Postpago registrado contablemente con factura o recibo	Prepago
Sistema de control a distancia y telemétrico	Permite un mantenimiento proactivo	Permite un mantenimiento proactivo y el prepago
Creación de empleo	Operadores y administradores de quioscos, técnicos de reparación locales y regionales	Operadores y administradores de quioscos, vendedores, distribuidores, técnicos de reparación locales y regionales, personal de limpieza, responsables del control de calidad, choferes y muchos otros empleos indirectos
Costo de producción por litro	0,7 céntimos de euro	0,5 céntimos de euro

(más de 10 años)		
Precio por litro	2,1 céntimos de euro	1,4 céntimos de euro
Cobertura del precio	$^1/_3$ de los sueldos locales $^1/_3$ de la amortización $^1/_3$ del mantenimiento	Sueldos locales y gastos de mantenimiento y dispositivos nuevos después de la amortización
Precio de mercado de los competidores locales	En bolsas de plástico: 20 céntimos de euro/litro	En botellas PET: 50 céntimos de euro/litro

Proyecto sobre el terreno

Para desarrollar el proyecto en todo el país —incluida la región del río Senegal, donde la necesidad es considerable—, y para aumentar la eficacia de los quioscos existentes, la fundación A2W necesita personal de alta calidad y bien formado para implementar el proyecto. Con ese fin, A2W ha puesto en marcha nuevos programas de formación relacionados con las profesiones del agua que pretenden mejorar significativamente los conocimientos de los actuales empleados de los quioscos, y también formar al personal de los nuevos quioscos. La estrategia principal es la expansión, por ejemplo, la búsqueda de nuevos empresarios que inviertan en nuevos quioscos, pero también la consolidación de los quioscos en funcionamiento, por ejemplo, la búsqueda de nuevos agentes de venta para vender el agua producida en los quioscos existentes en los llamados "quioscos satélites" en las aldeas cercanas a los quioscos existentes. De hecho, los quioscos de agua tienen una capacidad de producción de hasta 4.000 litros de agua filtrada al día, pero la mayoría funcionan actualmente por debajo de esta capacidad. El objetivo de A2W es, por tanto, aumentar la producción de los quioscos existentes incrementando la distribución en las aldeas vecinas. Por ello, A2W está trabajando en el desarrollo del concepto de "quioscos satélite".

A2W pretende integrar a las mujeres y a los jóvenes en la medida de lo posible, y a la vez crear puestos de trabajo. En efecto, A2W ha comprobado que, entre los numerosos quioscos instalados, aquellos en los que las mujeres desempeñan un papel importante en la gestión son los más eficaces. También refleja la fuerte demanda de empoderamiento económico y social de las mujeres rurales y urbanas. La mayoría de estas mujeres están deseosas de integrarse al mundo laboral, pero a menudo carecen de oportunidades o de independencia. Por esta razón, A2W desea ofrecer esta oportunidad principalmente a las mujeres.

El programa de formación comprende un trabajo preliminar de campañas de concientización sobre la importancia del agua en términos de salud. Con un socio local en el ámbito de la energía solar, Little Sun, A2W acude a las zonas rurales o suburbanas para promover soluciones sostenibles como los quioscos de agua y sus puntos de venta y la distribución comercial de lámparas solares a bajo precio. Ambas iniciativas distribuyen una solución descentralizada para hacer frente a la grave falta de acceso a componentes clave del desarrollo humano: agua potable y energía solar de alta calidad, como "productos". Ambas requieren la concientización del público.

Por lo general, la población reacciona positivamente a cualquier tipo de campaña (promoción, degustación, sensibilización, formación, debates), especialmente cuando el tema es tan importante como el acceso al agua potable o la venta de la misma. Durante la investigación de campo, el estudio de mercado y las campañas de sensibilización o las sesiones de capacitación, el equipo local de A2W ha observado que las poblaciones ven los beneficios inmediatos. En las zonas rurales, gracias al enfoque *bottom-up* (de abajo hacia arriba), los proyectos avanzan rápidamente. En efecto, A2W se dirige directamente al jefe de la aldea, a la asociación de mujeres y al puesto de salud. En cambio, en las zonas urbanas o semiurbanas, la A2W encuentra a veces resistencia. En efecto, es necesario contar con autorizaciones comerciales, a menudo del a yuntamiento o del gobierno regional. La obtención de las autorizaciones suele tardar por razones de burocracia administrativa. A veces, los intereses privados priman sobre el interés de la comunidad. A2W siempre se ha negado a actuar a través de intermediarios dudosos o a pagar sobornos.

Gracias a la pericia adquirida en el terreno, los conocimientos y la paciencia del equipo local, A2W ha podido, afortunadamente, resolver varias situaciones difíciles con conflictos potenciales y, desde entonces, ha tenido acceso a muchas autoridades o personas que han ayudado a desarrollar el proyecto.

Lecciones aprendidas

Para concluir, A2W se enfrenta a todo tipo de situaciones. La experiencia sobre el terreno demuestra que la integración del mercado local con un producto de primera necesidad, como el agua, puede ser bastante delicada.

La mejor garantía de éxito es tener un enfoque simultáneo en varios niveles:

- local, con las personas directamente afectadas (asociación de mujeres, jefe de aldea, etc.): de abajo hacia arriba;
- regional y nacional, informando a los prefectos, gobernadores, ministerios, ofreciéndoles apoyo para el proyecto.

Entonces, es necesario ser paciente, tener confianza y confiar en los socios locales. Por lo tanto, en cada nueva zona de actividad o ejecución de proyectos siempre hay un periodo de adaptación que no es fácil, pero que merece la pena, porque en última instancia la gente necesita agua potable, mejores condiciones de salud y de vida, y oportunidades de trabajo.

Referencias

http://www.accesstowaterfoundation.org/

ÉTICA ECONÓMICA:
EL AGUA COMO BIEN PÚBLICO
CON VALOR ECONÓMICO

10

EL DERECHO AL AGUA:
¿QUÉ SOLUCIONES?, ¿ACCIÓN DE QUIÉN?
PUNTO DE VISTA DE UN BANQUERO
ESPECIALIZADO EN MICROFINANZAS

Emmanuel de Lutzel

Introducción

¿Qué puede aportar un banquero especializado en microfinanzas a este coloquio interdisciplinario sobre el acceso al agua en el mundo?[36] Pues bien, en primer lugar, este tema está relacionado con las micro finanzas en la medida en que concierne a los 4.000 millones de pobres del mundo que viven actualmente en la "base de la pirámide" (BdP). En segundo lugar, el financiamiento es un requisito previo para el acceso al agua que hará efectivo este derecho.

---

[36] Emmanuel de Lutzel es el responsable de microfinanzas del grupo BNP Paribas. Desde 2007 ha desarrollado una cartera de microfinanzas para el banco, en ocho países y con 17 instituciones de microfinanzas, por un total de 50 millones de euros, llegando a 350.000 microempresarios. Ha contribuido a elaborar un nuevo marco reglamentario para los fon-dos de microfinanzas en Francia y en Europa.

Al no ser un estudioso del derecho, ni un especialista en ética ni en agua, me basaré en gran medida en el informe de la consultora Hystra de diciembre de 2011. Redactado conjuntamente por un consorcio conformado por Veolia, Suez, la Agencia Francesa de Desarrollo, Aqua for All (sector holandés del agua) y la fundación Children's Investment Fund (del Reino Unido), este documento se basa en un informe preliminar de la Agencia Suiza para el Desarrollo y la Cooperación (COSUDE) y estima que una inversión de 6.000 millones de dólares permitiría llegar a 1.000 millones de los 2.000 millones de personas que no tienen acceso al agua potable, y lograr una reducción de la mortalidad por agua contaminada del orden de 300.000 muertes al año. 6.000 millones de dólares es una cantidad relativamente modesta, ya que solo un tercio de la misma, es decir, menos del 2% del presupuesto anual de ayuda pública para el desarrollo, tendría que consistir en subvenciones o donaciones. Los 4.000 millones de dólares restantes se financiarían con préstamos o inversiones en recursos propios.

Tras analizar las distintas soluciones técnicas existentes, nos referiremos a los principales agentes de cambio que podrían impulsar la aplicación efectiva del derecho al agua.

Un abanico de soluciones técnicas

No existe una solución única, sino un abanico de soluciones técnicas que permitirían el acceso al agua potable a los 2.000 millones de pobres de la base de la pirámide. Varían en función de la calidad del agua no tratada y de la densidad de la población. Existen soluciones innovadoras tanto en el ámbito macro (infraestructuras) como en el micro (en el nivel de la aldea o la unidad familiar).

- *Sistemas de bombeo*. Para entre 570 y 650 millones de personas que viven en zonas rurales con bajos niveles de contaminación, estos sistemas son una de las soluciones más eficaces desde el punto de vista económico, pero esto supone un mantenimiento continuo. De hecho, más de un tercio de las 800.000 bombas instaladas en África ya no funcionan. La inversión para un sistema de bombeo oscila entre 30.000 y 40.000 dólares.

- *Filtros y pastillas.* Para entre 740 y 830 millones de personas que viven en zonas rurales donde el agua está moderadamente contaminada, los filtros domésticos o las botellas con tablas de cloro son una opción adecuada. Los filtros básicos cuestan entre 20 y 40 dólares por un equipo que dura dos años como media. En este caso, dos factores son esenciales para el éxito: educar al público sobre la importancia para la salud de tratar el agua potable y la existencia de una red de distribución de productos. Podemos aprovechar las experiencias de Unilever en la India y las de las ONG de África y Asia.

- *Minicentrales.* Para entre 44 y 52 millones de personas que viven en áreas metropolitanas o en la periferia urbana, las pequeñas plantas de tratamiento (comúnmente llamadas quioscos de agua) —a menudo con tecnología de ósmosis inversa— suministran agua en cantidad en el quiosco o en bidones a domicilio. La inversión de una minicentral asciende a unos 3.000 dólares. En India se están llevando a cabo varios experimentos prometedores con este tipo de empresa social (Naandi, Sarvajal).

- *Mini sistemas.* Para entre 410 y 480 millones de personas que viven en áreas metropolitanas o en la periferia urbana, en barrios actualmente no cubiertos por los servicios públicos de agua, los pequeños sistemas descentralizados (gestionados por empresarios locales) pueden ser una solución. Se puede dar servicio a hasta 500.000 personas con una inversión del orden de 8 a 10 millones de dólares. Los ejemplos son Balibago e IWADCO en Filipinas.

- *Sistemas urbanos públicos.* La ampliación y mejora del sistema público de agua es también una alternativa para estas mismas poblaciones urbanas. Tanto los operadores públicos como los privados han tenido cierto éxito en este ámbito (inversiones de varios cientos de millones de dólares). Estos desarrollos recurren con frecuencia a la subvención cruzada (las zonas más ricas suelen tener un impuesto adicional para financiar la inversión y cubrir las barriadas). Ejemplos: Veolia en Marruecos y Suez Environnement en Yakarta.

¿Quiénes son los agentes del cambio?

Los proveedores tradicionales de la ayuda al desarrollo, por ejemplo, el Banco Mundial, los bancos regionales de desarrollo y las agencias nacionales de desarrollo, son naturalmente una fuerza motriz. Aquí me centraré más en los innovadores que trabajan en este sector, que hasta la fecha ha estado dominado por grandes entidades financieras o empresariales.

- *Empresa tradicional o empresa social.* Muchas de las soluciones mencionadas pueden funcionar como empresas sociales. El objetivo de una empresa de este tipo no es maximizar los beneficios, sino intentar marcar un impacto social. Hay que distinguir entre dos tipos de actores: (1) los operadores locales (por ejemplo, los operadores de quioscos de agua o los fabricantes de filtros), que deben ser empresas con ánimo de lucro si quieren atraer a empresarios capaces de asumir los riesgos; y (2) las organizaciones encargadas de desarrollar redes de estos operadores (proporcionándoles tecnología, financiamiento, formación, etc.), que solo pueden ser empresas sociales.

- *Microfinancieras*. Las instituciones microfinancieras pueden financiar la conexión al sistema (unos 200 dólares) y a los empresarios locales (hasta unos pocos miles de dólares). También pueden asociarse a la distribución de equipos (filtros, tabletas) y a la labor de educación de los clientes. Este tipo de diversificación supone un modelo de negocio convenientemente adaptado y un personal dedicado a este tipo de productos.

- *Inversión de impacto*. Este tipo de fondo especializado se ha desarrollado en la última década. Busca un rendimiento moderado y la maximización del impacto social y ambiental. Existen unos 200 fondos de este tipo en el mundo, la mitad en microfinanzas, que gestionan más de 10.000 millones de dólares en activos. Este sector se encuentra en una fase de fuerte crecimiento debido a la alta demanda de los clientes privados. Ginebra es un centro mundial para la inversión de impacto, que podría alcanzar una cota de más de 500.000 millones de dólares en los próximos diez años, según las estimaciones de un informe de 2010 de JP Morgan. Sin embargo, esta cifra se basa en una estimación de las necesidades de financiación y supone la existencia de los empresarios necesarios. La dificultad que experimentan los fondos existentes a la hora de identificar proyectos que merezcan ser financiados demuestra que esta suposición está lejos de confirmarse.

- *Filantropía*. Aquí no se trata de ayuda de emergencia (por ejemplo, la reconstrucción de Haití), sino de programas estructurados a largo plazo, especialmente para financiar estudios de campo y las campañas masivas de marketing social (del orden de 1 dólar por persona) necesarias para crear una demanda real, así como la educación sanitaria.

- *Grandes empresas.* Empresas como Veolia y Suez Environnement han puesto en marcha proyectos experimentales: Veolia con el grupo Grameen en Bangladesh, y Suez en Indonesia. Estos programas forman parte de los esfuerzos de responsabilidad social de la empresa, sin dejar de lado sus áreas de negocio principales. Aunque solo representan una pequeña fracción de las actividades de las empresas, debemos acoger con satisfacción esta tendencia a colaborar con los emprendedores sociales para experimentar con modelos innovadores. El informe de Hystra recomienda la creación de un servicio público para la base de la pirámide (*bottom of the pyramid utility*) con capital híbrido (privado/público), que se utilice para desarrollar minisistemas que puedan representar una oportunidad adicional para las grandes empresas del sector.

- *Comunidades locales.* Un proverbio africano dice que la mano que da no debe estar por encima de la que toma. Los proyectos de ayuda al desarrollo han sufrido a menudo por no estar arraigados en las comunidades locales. Grandes actores como Suez y Veolia lo han comprendido y han recurrido a antropólogos, y no únicamente a expertos técnicos y financieros, para asegurarse de que contarán con el apoyo de las comunidades correspondientes.

Observaciones finales

El acceso gratuito al agua entra en el ámbito de una utopía platónica. Como se comentó acertadamente en el coloquio anterior, el agua tiene un costo. Debemos salir de la caverna de Platón y entrar en el mundo de Aristóteles, o en el de Leibniz, "el mejor de los mundos posibles". La cuestión es quién debe asumir el costo y cuál es el precio justo. ¿Debemos hacer pagar a los usuarios de las zonas más ricas para poder dar agua a los pobres? ¿Debe el gobierno subvencionar las tarifas? ¿Y si el gobierno no tiene un presupuesto asignado y está vigilado por el FMI?

Así, pues, no se trata de una elección entre el bien y el mal (siendo el agua gratuita el bien y el agua de pago el mal), sino entre un mal menor (el agua de pago, pero a bajo precio) y otro mayor (ver al propio hijo morir de disentería, pagar medicamentos caros, comprar agua embotellada a 1 euro el litro).

Los debates éticos sobre el agua se asemejan a las discusiones que han tenido lugar en el mundo de las microfinanzas durante los últimos cuatro siglos. Tras la creación de las primeras casas de empeño institucionales en Italia en 1462, se produjo en la Iglesia un debate que enfrentó durante cincuenta años a los dominicos y los franciscanos sobre la cuestión de si era legítimo que esas empresas prestaran con intereses a los pobres. En 1515, el Concilio de Letrán y el papa León X zanjaron la cuestión: cobrar intereses a los pobres era legítimo, pero el tipo de interés debía ser razonable.

El debate sobre los tipos de interés que se desarrolla en el mundo de las microfinanzas desde hace cuatro siglos podría iluminar al sector del agua y ayudarlo a salir de la caverna de Platón para dar acceso al agua al mayor número de personas posible.

Referencias

Hystra2011*Access to Safe Water for the Base of the Pyramid. Lessons Learned from 15 Case Studies.* Disponible en: https://bit.ly/3q8qxgi

11

¿TIENE EL AGUA UN COSTO?
¿Y CUÁL SERÍA? SIETE TESIS

Benoît Girardin

1. El agua como tal no tiene precio. Es un bien público. Lo mismo ocurre con el aire y el viento. Eso sí, un agua en particular puede no tener la misma calidad que otra[37].

2. Las operaciones que añaden un costo al agua son la extracción y la protección del agua de manantial, la desalinización, el tratamiento previo al uso, la purificación, el transporte y la distribución, el tratamiento de las aguas residuales y el reciclaje de las mismas. Estos costos se derivan del funcionamiento y el mantenimiento de las infraestructuras, por no hablar de los costos de investigación y desarrollo y de las primas de seguros por los riesgos atribuibles al uso y la distribución del agua, tales como la inundación o la erosión.

---

[37] Benoît Girardin es profesor de ética y política internacional en la Geneva School of Diplomacy and International Relations, un instituto universitario en Ginebra, Suiza. Tiene una amplia experiencia internacional, ya que ha sido responsable de los programas de cooperación al desarrollo de Suiza en Camerún, Pakistán y Rumania, y posteriormente encargado de la evaluación de los mismos, para finalmente ser embajador de Suiza en Madagascar. Una vez jubilado, fue invitado a dirigir de 2011 a 2015 una institución académica privada en Ruanda. Inicialmente, se doctoró en teología por la Universidad de Ginebra en 1977.

3. El monopolio de este recurso o el privilegio de disponer del mismo durante un tiempo determinado, durante el cual otros aspirantes a usuarios deben obtener su suministro en otro lugar, debería tener un precio. Mediante ese monto de dinero, los grupos perjudicados o privados de agua deberían poder abastecerse de agua de fuentes lejanas. La compensación debe ser justa en ese sentido.

4. Cuando se convierte en un bien escaso, un "impuesto de escasez" destinado a frenar el uso inmoderado del agua suministrada, reducir el dispendio y las pérdidas dentro de los sistemas y desalentar el uso dispendioso e irresponsable.

5. El precio del agua debe reflejar su costo real sin omitir los costos asociados u ocultos. De lo contrario, se fomenta el despilfarro. Los costos sociales y medioambientales no pueden permanecer simplemente externalizados. Cuando se utilizan subvenciones a largo plazo, pueden introducir efectos negativos que generalmente tienden a beneficiar a los más acomodados y a los usuarios públicos. El requisito de la transparencia de los costos es primordial.

6. La exigencia ética en cuanto al precio consiste en acercarse lo más posible al costo real explicitando todos los componentes, incluso los ocultos, y evitando añadir márgenes de beneficio exorbitantes y discriminatorios. Los términos de referencia especificados por la comunidad local son un requisito para establecer el marco de esta práctica.

7. Entre otros requisitos éticos adicionales se puede mencionar los siguientes:

   - equidad en el acceso y la distribución a los grupos vulnerables;

- un consumo responsable que promueva la sostenibilidad del recurso y su renovación, así como una distribución eficiente y la minimización de fugas o derrames;
- dentro de una cuenca hidrográfica, establecer claramente las responsabilidades recíprocas de los interesados aguas arriba y aguas abajo —tanto de los países como de los habitantes— en el marco de acuerdos ribereños que especifiquen no solamente los derechos sino también los riesgos recíprocos —cantidad de agua; calidad (contaminación, etc.)— así como la renovación o protección;
- la responsabilidad específica para los acuíferos, dado que la contaminación que les llega podría ser persistente.

Consecuencias operacionales

- El término "propietario" no es el más adecuado para describir la posición de la comunidad o del hogar individual en el territorio donde se encuentra el manantial, el acuífero o el río. El término "administrador encargado" parece preferible.
- Los manantiales, acuíferos y los cursos de agua pueden ser utilizados por una comunidad, una entidad pública o una empresa privada subcontratada en el marco de la subcontratación de un servicio público.
- Un contrato de concesión para explotación debería estipular los compromisos de las comunidades ribereñas en términos de responsabilidad, sostenibilidad y de servicio: calidad, precio, reparaciones, mantenimiento. Los plazos de explotación y el volumen de agua deberán estar claramente delimitados.
- Los contratos de concesión para explotación a largo plazo deberían fomentar la gestión sostenible, ofrecer incentivos a las

mejoras y evitar prácticas de mantenimiento poco rigurosas o incluso las apropiaciones permanentes.

- Los contratos de concesión para la explotación y distribución deben asignar claramente responsabilidades en cuanto a las aguas residuales o contaminadas: depuración, limpieza posterior a la contaminación, vertido, reciclado y reutilización, etc.

- El costo "real" incluye todos los costos reales y totales a lo largo de toda la cadena, desde la extracción hasta el reciclaje y la recuperación. No se deben subestimar los costos de investigación y desarrollo, los riesgos de inversión y el riesgo de daños accidentales (inundaciones y erosión). Un margen de beneficio parece aceptable cuando es de proporciones adecuadas.

- Debe garantizarse la transparencia y un desglose de costos claramente establecido.

Preguntas abiertas

- ¿Cómo se puede evitar un mantenimiento inadecuado y fomentar un mantenimiento profesional y justo?

- ¿Cómo evitar las trampas de un equilibrio de poder desigual entre las comunidades y el operador?

12

EL COSTO Y EL PRECIO DEL AGUA. LECCIONES DE UN ANÁLISIS COMPARATIVO DE CIUDADES Y PAÍSES SELECCIONADOS

Benoît Girardin

Propósito

El objetivo de este documento es abordar, con la mayor precisiónposible, los costos del suministro de agua en su cadena integral, desde la extracción hasta el tratamiento de aguas servidas, y aproximarse a los elementos clave de los costos[38]. Casos selecionados de los cinco continentes, pero sobre todo de los lugares en los que se dispone de documentación detallada, permiten percatarse de la diversidad de los costos, del cálculo de los mismos, así como del peso relativo de los componentes de los costos del agua. Las formas de cubrir los costos también difieren, desde los lugares donde se los carga a los usuarios únicamente hasta los lugares donde el presupuesto público cubre las infraestructuras o incluso las necesidades básicas. De hecho, el análisis se ha visto entorpecido por la falta de voluntad de establecer un cálculo detallado o, cuando menos, por una cierta falta de transparencia.

---

[38] Véase la sección "Las y los autores" al final del libro.

Cuestiones preliminares

Evaluar los costos reales de producción y suministro de agua y saneamiento parece mucho menos sencillo de lo que cabría esperar. Muchos cálculos no especifican los costos reales de cada etapa, desde la extracción hasta la recogida, el almacenamiento, la limpieza, la distribución, el mantenimiento y la ampliación de las infraestructuras, la minimización de las fugas, ni tampoco los del saneamiento, el reciclaje o la recuperación. Por ejemplo, en Jordania o en Calcuta no se contabilizan los costos del saneamiento. En la mayoría de los países, las infraestructuras importantes, como las represas, los embalses, etc., se financian con cargo al presupuesto del Estado, mientras que los operadores cobran a los consumidores los costos de explotación y mantenimiento. En otros lugares, los detalles de la combinación privada/pública se mantienen ocultos o se muestran solo parcialmente. Las zonas grises entre las diferentes etapas están lejos de desaparecer.

Cuando se les pregunta por los costos, muchas fuentes responden con datos de tarifas, cánones o el precio del agua. Muchos datos que se presentan como costos son en realidad tasas, cánones o tarifas. La mayoría de los proveedores de agua confunden costos y precios o se centran en las tarifas. Aunque las estructuras de las tarifas difieren, todas tienden a hacer que el suministro de agua sea lo más sostenible posible sin poner en riesgo la asequibilidad para cada sector de la población. Las tarifas fijadas para la agricultura y el regadío, así como para el uso público, se sitúan siempre en un nivel considerablemente bajo, para las industrias en el cuartil inferior y para los hogares en la mitad superior. Esto hace prácticamente imposible estimar el nivel de los costos reales.

Las tarifas para las necesidades básicas de los hogares son cero —por éjemplo, en Hong Kong los primeros 12 m³ al mes son gratuitos, igual que los primeros 6 m³ para los pobres en Durban— o más baratas —como en EE. UU., donde se paga menos por un consumo inferior a

22,7 m³ (20.000 galones americanos)—. Países como Bélgica, Jordania y los Emiratos Árabes Unidos (EAU) adoptan un sistema de cuatro niveles que beneficia a los sectores de bajos ingresos. Jordania y los EAU cobran a los residentes extranjeros más que a los nacionales[39]. Los consumos más elevados tienen un precio más alto. En Irlanda el agua es gratuita, pero los costos están cubiertos por los impuestos generales. Estas diferentes tarifas de agua hacen que la evaluación de los costos sea aún más complicada.

Adicionalmente, muchas de las variaciones de los costos pueden estar relacionadas con el nivel de precipitaciones anuales, la extensión de la cuenca de captación, la calidad de las aguas subterráneas y el acceso a estas, la longitud total de las tuberías de distribución y la dimensión de la red. Además, la calidad del agua en términos de salubridad, presión constante o irregular también influye en los costos. El nivel de fugas también importa, pero sus costos se reflejan silenciosamente en las facturas del agua. La gestión y la administración no alcanzan el mismo nivel de desempeño. En muchos casos, la asignación de costos no coincide con la clasificación de los mismos[40]. Naturalmente, esto no facilita el análissis comparativo de costos.

---

[39] En Hong Kong, los primeros 12 metros cúbicos de un trimestre son gratuitos, los siguientes 31 metros cúbicos cuestan cada uno 4,16 dólares de HK ($HK), los siguientes 19 metros cúbicos 6,45 $HK cada uno, y por encima de 62: 9,05 $HK cada uno (véase: Departamento de Suministro de Agua de Hong Kong). En Bélgica se han fijado los siguientes precios a partir de 2014: para un consumo anual de cero a 15 metros cúbicos: 2,06 euros por m³, de 16 a 30: 3,68, de 31 a 60 m³: 5,44 y por encima de 60 m³: 7,95.

[40] Griffin, Ronald C. (2016), *Water Resources Economics. The Analysis of Scarcity, Policies and Projects*, p. 240 y ss.

Análisis comparativo de costos

El propósito aquí no es el de establecer una clasificación de ciudades o empresas en el ámbito internacional. La calificación y la clasificación tienen sentido específicamente en el nivel nacional o regional para identificar las variaciones y estimular la eficiencia, la calidad y la cobertura efectiva de la gestión. Las cifras mostradas reflejan el consumo medio. Aunque se han recogido datos de los cinco continentes en la web, los detalles disponibles para EE. UU., Europa y el Pacífico explican las opciones asumidas para un análisis en profundidad. En EE. UU. disponemos de estudios sobre las ciudades más grandes, así como detalles sobre los pueblos y condados más pequeños de Michigan[41]. Los estudios realizados en los países europeos y casos particulares como el de Auckland, en Nueva Zelanda, explican el lugar preferente que se les ha dado aquí.

Los datos expuestos aquí han sido recopilados a partir de varios informes publicados sobre el tema. Las cifras suministradas son las medias por país por metro cúbico. El informe inicial publicado por el Instituto Ecológico, con sede en Berlín, comparaba los precios en los países de la Unión Europea (UE) en 1998 [42], y también tomamos en cuenta una encuesta realizada en 2008 por Global Water Intelligence por cuenta de la Organización para la Cooperación y el Desarrollo Económicos (OCDE)

---

[41] Véanse los datos anuales proporcionados por Michigan Municipal Treasurers' Association (Asociación de Tesoros Municipales de Michigan): www.mmta-mi.org/stories/water-and-sewer-cost

[42] Kraemer, A., R. Piotrowski y A. Kipfer (eds.) (1998), *Comparison of water prices in Europe–summary report. Vergleich der Trinkwasserpreise im Europäischen Rahmen*, Berlin: Ecologic. Con respecto a Suiza, véase Baranzini A., A.-K. Faust y D. Maradan (2010), "Water Supply Costs and Performance of Water Utilities: Evidence from Switzerland", *SSRN Electronic Journal* 10.2139/ssrn.1619811. Disponible en: https://www.researchgate.net/publication/44129616_Water_Supply_Costs_and_Performance_of_Water_Utilities_Evidence_from_Switzerland

y que abarcaba 35 países, plasmada en un informe publicado en 2010 [43]. En la Conferencia del Agua de 2018 en Berlín, Civity Management Consultant presentó los resultados de su investigación centrada no solo en los costos, sino también en las tarifas, en relación con la calidad de los servicios y la paridad del poder adquisitivo (ppa).

Tabla 1. Precio medio del metro cúbico (1000 l o 1 kl) en ocho países de Europa[44]

Año	España	Suecia	Francia	Países Bajos	Alemania	Dinamarca	Polonia	Suiza
1998	DM 0,40	—	DM 2,00	DM 2,70	DM 2,85	DM 0,80	—	—
2008 [45]	USD 1,92	USD 3,59	USD 3,74	—	—	USD 6,70	USD 2,12	USD 0,63-4,93
2010	€ 1,60	€ 2,70	€ 2,92	€ 3,90	€ 5,10	€ 5,60	—	—
2018 [46] (ppa)[47]	—	—	€ 1,96 (2,07)	€ 1,55 (1,55)	€ 1,99 (2,02)	—	€ 1,86 (2,16)	—

---

[43] OECD (2010), "Water pricing in OECD countries: state of play", en: *Pricing Water Resources and Waste Sanitation Services*, p. 45.

[44] Bergamin, J. (2007), *La tarification de l'eau en Suisse romande*. Genève: Cahiers ACME 2007/1.

[45] El precio/m³ de 2008 presentado por la encuesta de la OCDE comprende el suministro de agua y el saneamiento.

[46] El costo/m³ de 2018 cubre los costos de agua y saneamiento complementados por subvenciones públicas; 1 € = 1,5 CHF en 2010 y 1,2 en 2018.

[47] Friederike Lauruschkus, Civity Management Consultants (2018), *Comparisons of European water prices*, Our Future Water, Berlin Conference Nov. 2018: las cifras se refieren al costo de cobertura por m³, costo per cápita con paridad de poder adquisitivo (ppa). Disponible en: https://civity.de/en/news/.../comparison-of-european-water-prices/

Tabla 2. Precio medio (en dólares) del metro cúbico en EE. UU.: cinco grandes ciudades y municipios de Michigan. Tarifas de suministro de agua (A) o de suministro de agua y saneamiento (A y S)

	EE. UU. media	AT	DEM	LA	NY	WA DC	MI G min	MI N max
2013 A y S	3,18	5,88	0,71	2,57	5,61	3,62	0,94	6,76
2018 A	1,56	1,93	1,14	2,09	1,34	—	—	—

Abreviaturas: EE. UU.: Estados Unidos, ATL: Atlanta, DEM: Detroit Michigan, LA: Los Ángeles, NY: Nueva York, WA DC: Washington DC, MI G min: Michigan Grandville min, MI N max: Michigan Negaune max.

Los datos recogidos en 2013 por Black & Veatch sí se refieren a Agua y Saneamiento para un consumo mensual de 3.750 galones americanos (= 14.195 metros cúbicos). Los datos recogidos por Blue Circle en 2018 no incluyen saneamiento.

A partir de una comparación entre cinco ciudades de EE. UU. realizada en 2010 por "Círculo Azul" de la Asociación Americana del Agua, se puede establecer una relación directa entre las tarifas y el nivel de lluvia o la proximidad a agua abundante, y una relación inversa entre el nivel de lluvia y el consumo. La zona de los Grandes Lagos ofrece previsiblemente las tarifas más bajas frente a California, donde las tarifas son mucho más altas y el consumo por habitante similarmente elevado.

Tabla 3. Precio medio del metro cúbico en dólares estadounidenses en Oriente Medio, Asia, Pacífico, África y Sudamérica. Tarifas de suministro de agua (A) o de suministro de agua y saneamiento **(A y S)**

EAU (Abu Dhabi)[48]	Jordania (Amán)	India[49] (Mumbai)		Singapur	Hong Kong [50]	Nueva Zelanda (Auckland)	Australia (Brisbane)	Tanzania (Dar es Salam)	Brasil (São Paulo)
		Barrios marginales	Tarifa de la ciudad						
2018	2015	2016	2008	2012	2017	2018	2018	2008	2008
0,58-0,71 2,14-2,84	1,56-8,91	6-9	0,09	1,88	0,63	2,09-3,61[35]	2,915	0,46	1,45
A	A y S	A	A y S	A y S	A y S	A y S	A y S	A y S	A y S

---

[48] En los Emiratos Árabes Unidos (EAU) y Jordania, las tarifas difieren para nacionales y expatriados; tienen en cuenta la zona geográfica, el tipo de uso (residencial, industrial, agrícola) y el volumen. Las cifras que se ofrecen aquí son para nacionales y expatriados. Se sigue un sistema de bloques crecientes, como incentivo para el ahorro de recursos.

[49] Las cifras de la India reflejan las tarifas, facturadas a los consumidores en lugar de los costos en los barrios marginales de Mumbai; los hogares pagan por el agua 5-6 veces más que las familias que se permiten un grifo del suministro público de agua, en 350 rupias = 0,05 dólares por 1.000 litros. *USAID y Safe Water Network Drinking Water Supply for the Urban Poor: City of Mumbai 2016.*

[50] Cálculo para un consumo trimestral de 60 m^3 y un saneamiento de 30 m^3.

Así, el precio del agua puede oscilar entre unos pocos céntimos y 5 euros por metro cúbico, o incluso más en casos excepcionales, sobre todo cuando el agua se vende en contenedores, cubos o camiones cisterna. En los países secos y de bajos ingresos, el suministro de agua está fuertemente subvencionado y la cuota de riego puede representar el 60% del uso del agua. Como el suministro no es regular en el tiempo, los consumidores recurren a los vendedores de agua. En Jordania, el precio del metro cúbico vendido por los vendedores se multiplica por un factor de 30 a 50 frente al agua corriente suministrada por las empresas municipales. En Bombay, el factor se eleva a 100.

Si una comparación reflejara los costos efectivos, el cálculo debería tener en cuenta la paridad del poder adquisitivo local. ¿Por qué no referirse a algún método como el índice Mac Donald's o una botella de refresco comprada localmente donde las tarifas del agua se calculan como un factor de esos precios?

Las estructuras tarifarias difieren de un país a otro, pero básicamente las tarifas fijadas para la agricultura son las más bajas, seguidas por correspondientes a las industrias en el cuartil inferior y el agua dulce en el más alto. En la mayoría de los países no se adopta una política de recuperación total de los costos, por cuanto se considera prioritario garantizar la asequibilidad. Los costos de las infraestructuras suelen cargarse al presupuesto público.

Curiosamente, la escasez de agua está fomentando un aumento de los precios del agua para la agricultura y estimulando a las industrias a utilizar agua reciclada.

Los costos del saneamiento, comparados con los del suministro y la distribución de agua, reflejan también variaciones sorprendentes.

Tabla 4. Relación entre los costos de suministro de agua y de saneamiento en las ciudades de los países seleccionados

	Bra-sil	Singa-pur	Nueva Zelanda	Fran-cia	Cana-dá	EE. UU.	Suiza	
							Gine-	Lausa-
	2006	2012	2019	2014	1999	2013	2006	2017
Agua	50,3%	68,4%	36,9%	51,5%	62,6%	42,5%	48,8%	56,5%
Alcantari-llado	49,7%	31,6%	63,1%	48,5%	37,4%	57,5%	51,2%	43,5%

Fuentes: Black & Veatch (2013), *Report 50 Largest Cities Water*/wastewater Rate Survey; Auckland Watercare Asset Management Plan 2018-2038, p. 100. En algunas ciudades los cánones por aguas pluviales están incluidos, pero sólo añaden unos pocos puntos a la factura.

Lecciones provisionales

De estas cifras y tablas se pueden extraer algunas lecciones:

- Las zonas lluviosas y las grandes cuencas importan mucho en términos de extracción de agua.
- Condiciones geográficas: zonas llanas o montañosas; distancia de las fuentes; calidad del agua de la fuente.
- Los costos de desalinización o filtración por membrana son muy elevados.
- La separación de las aguas pluviales del agua utilizada en las tuberías de salida es costosa, pero permite la recuperación.
- El control regular de las fugas ayuda a reducir los costos de forma importante.
- Los costos del saneamiento tienden a sobrepasar los costos de suministro; y deberían incluirse en las facturas del agua.

- Los costos de mantenimiento tienden a alcanzar el nivel de los costos directos de suministro.

- Las tarifas del agua alineadas exponencialmente con el consumo fomenta el ahorro y responde a la escasez del recurso.

- Los costos totales reales suelen subestimarse y no están cubiertos por las tarifas.

- Los costos de renovación y ampliación de las infraestructuras tienden a sobrepasar el suministro y la administración.

- Las tarifas más altas para la agricultura y las industrias deberían funcionar como incentivos para el uso económico del agua: riego por goteo, recuperación del agua usada, separación del agua dulce del agua reciclada.

Tareas pendientes: medir y perfeccionar el desglose detallado de los costos para acercarse a los costos reales

El esquema que se propone a continuación se utilizará como herramienta de investigación. Una vez completado con cifras detalladas, este desglose podría facilitar las comparaciones a nivel local, regional e internacional. A través de la comparación, se podrían destacar los costos elevados y requerir una justificación con respecto a las condiciones geográficas específicas, así como explorar medidas eficaces para reducir los costos.

Los costos deben equilibrarse con los años de amortización y las fórmulas de reparto de costos entre los consumidores y el presupuesto público. Se trata de tender a una evaluación detallada de cada componente, tanto en cifras absolutas como porcentuales. Hay que tener en cuenta los riesgos de daños causados por las aguas pluviales. Las cifras que se presentan a continuación son solo conjeturas muy generales y osadas basadas en una entrevista con un operador de un caso seleccionado y en datos tomados de internet. Las cifras deben considerarse indicativas. La diversidad de fórmulas de reparto de costos ilustra las opciones realizadas por las políticas locales, regionales y nacionales.

suministro de agua y saneamiento Desglose de costos	Vida útil de la inversión, años	Gastos en % de Σ	Formula % de reparto de costos	
			Consumidores	Público
Captación y suministro		**20-40%**		
· Fuente, protección de la cuenca	80-100		0-30	100-70
· Bombeo	30-50		30-70	70-30
· Extracción o recogida			30-70	70-30
· Instalaciones de almacenamiento, embalses	50		0-30	100-30
· Instalaciones y equipo de filtración	10		30-80	70-20
· Tratamiento	20		50-100	50-0
· Conservación de los recursos			0-30	100-70
· Costos de mano de obra			70-100	30-0
Distribución		**15-30%**		
· Red principal, local y extensión	50-80		0-40	100-60
· Red local y extensión	50-80		40-80	60-20
· Mantenimiento y renovación de la red			80-100	20-0
· Operación de la presión y el caudal	30-50		20-80	80-20

· Detección de fugas, reparación, gestión de pérdidas			20-80	80-20
· Costos de mano de obra			90-100	10-0
Saneamiento		20-50%		
· Alcantarillado, Infraestructura de la planta de reciclaje	40-50		0-20	100-00
· Infraestructura: tuberías colectoras	80		0-50	100-50
· Operación de la planta de aguas residuales			40-100	60-0
· Reciclaje de aguas usa-			0-60	100-40
· Costos de mano de obra			70-100	30-0
Administración		20-30%		
· Medición del consumo	15-30		100	0
· Facturación específica por categorías de usua-rios			100	0
· Emisión de facturas, recordatorios			100	0
· Contabilidad, planificación			100	0
· Información, comunicación, estadísticas			100	0
· Investigación y desarrollo			0-20	100-80

· Estrategia, fijación de la estructura de tarifas. Crecimiento		100		
· Costo de la mano de obra		100		
Costos financieros		**10-20%**		
· Seguros para cubrir riesgos, tormentas, desastres		1-3%	0-70	0-30
· Impuestos		100		
· Amortización		10-15%	0-80	0-40
· Servicio de la deuda		10-15%	0-80	0-50

Fuente: Lausana, Suiza, Services Industriels/direction des travaux, 2019.

Referencias

Fuentes

Black & Veatch Management Consulting 2013 *50 Largest Cities Water/Wastewater Rate Survey.* Los Angeles: Black & Veatch. El informe 2018-2019 está disponible en: https://www.bv.com/sites/default/files/2019-10/50_Largest_Cities_Rate_Survey_2018_2019_Report.pdf

Circle of Blue Annual Survey of Water Rates in USA: https://www.circleofblue.org/waterpricing/

Global Water Intelligence 2012 *Survey 2012.* Disponible en: https://www.globalwaterintel.com/products-and-services/market-research-reports

OECD 2010 "Water pricing in OECD countries: state of play", en: *Pricing Water Resources and Waster Sanitation Services.*

Paris: OECD Publishing, Ch. 2, pp. 33-62. Disponible en: https://read.oecd-ilibrary.org/environment/pricing-water-resources-and-water-and-sanitation-services/water-pricing-in-oecd-countries-state-of-play_9789264083608-5-en# (consultado el 16/06/19).

Análisis

American Water Works Association 2000 *Principles of Water Rates, Fees, and Charges. Vol. 1.* Denver CO: AWWA.

Burtin, Cl., F. Destandau y M. Tsanga Tabi 2011 "Connaissance et maitrise des coûts dans le secteur de l'eau potable et de l'assainissement". En: Bouleau, G. y L. Guérin-Schneider, (eds.), *Des tuyaux et des hommes.* Paris: Quae, pp. 67-81.

Conca, Ken y Erika Weinthal (eds.) 2018 *The Oxford Handbook of Water Politics and Policy.* Oxford: Oxford University Press.

Crocker, Jonnie y Jamie Bartram 2014 "Comparison and Cost Analysis of Drinking Water Quality Monitoring Requirements versus Practice in Seven Developing Countries". *International Journal of Environmental Research and Public Health*, 11/7, pp. 7333-7346.

Dinar, Ariel y Kurt Schwabe 2015 *Handbook of Water Economics.* Cheltenham UK/Northampton MA: Edward Elgar.

Griffin, Ronald C. 2016 *Water Resources Economics: The Analysis of Scarcity, Policies and Projects.* Cambridge Mass and London UK: MIT Press, 2nd ed.

International Journal of Water Resources Development 1984 –

Kraemer, Andreas y R. Piotrowski 1998 *Comparison of Water Prices in Europe: Summary Report.* Berlin: Ecologic.

OECD 2015 *OECD Principles on Water Governance.* Paris: OECD.

Renzetti, Steven 1999   "Municipal water supply and sewage treatment: costs, prices, and distortions". *Canadian Journal of Economics* 32/3, pp. 688-704.

Salomaa, Eila y Gary Watkins 2011   "Environmental performance and compliance costs for industrial wastewater treatment: An international comparison". *Sustainable Development*, 19/5, pp. 325-336.

Asociaciones

- Alliance for Water Efficiency: www.AllianceforWater Efficiency.org. American Water Works Association. https:/www.awwa.org/
- European Environment Agency: https://www.eea.europa.eu/ International Water Association: https://iwa-network.org/
- Financing Sustainable Water Project: www.financing sustainablewater.org/
- International Benchmarking Network for Water and Sanitation Utilities: https://www.ib-net.org/
- The European Federation of National Water Supply Associations: www.eureau.org

13

DESARROLLAR NUEVOS MODELOS FINANCIEROS PARA PROMOVER EL ACCESO AL AGUA POTABLE Y AL SANEAMIENTO

Julia Bertret[51]

En la actualidad, 1.000 millones de personas en todo el mundo siguen sin tener acceso al agua potable, en tanto que 2.500 millones carecen de acceso al saneamiento. Los 193 Estados miembros de las Naciones Unidas se comprometieron a garantizar el acceso al agua potable y al saneamiento en el Objetivo 6 de la Agenda para el Desarrollo Soste-

---

[51] Julia Bertret es ingeniera medioambiental con una maestría en emprendimiento por HEC (Hautes Études Commerciales) de París. Tras iniciar su carrera como consultora de estrategia medioambiental, dirigió el departamento de innovación abierta de Veolia Environnement. Desde 2017, ha dedicado su energía a desarrollar fWE, cuyo objetivo es ofrecer nuevos modelos de financiamiento de infraestructuras relacionadas con el medio ambiente para acelerar la transición ecológica.

nible (ODS 6). Estimaciones recientes del Banco Mundial indican que se requieren inversiones superiores a 1,7 billones de dólares para lograrlo hacia 2030. Sin embargo, la financiación actual es cuatro veces inferior, con 420.000 millones. Este significa que hay que movilizar 1,28 billones para alcanzar los ODS.

Gráfico 1. Inversión necesaria para alcanzar el ODD 6 (en miles de millones de dólares)

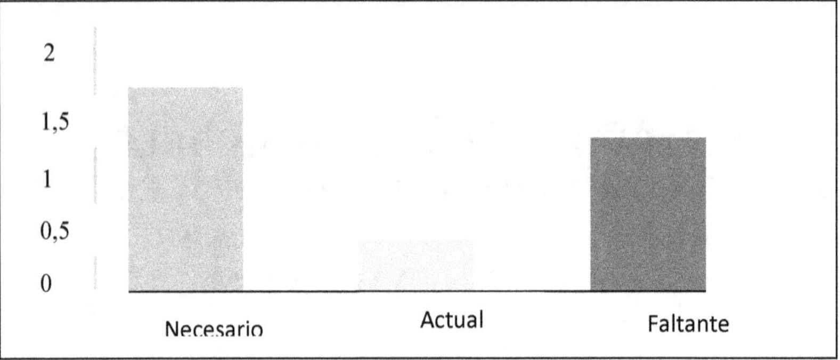

Fuente: Banco Mundial.

Para saber cómo se puede financiar este déficit, primero hay que entender cómo se financia actualmente el sector del agua.

En los países en desarrollo, las inversiones en el sector del agua proceden principalmente de préstamos gubernamentales y de financiación en condiciones favorables de bancos de desarrollo nacionales, bilaterales o multilaterales. La financiación global del desarrollo, que asciende a 130.000 millones de dólares, incluye no solo las inversiones relacionadas con el agua, sino también con todos los demás sectores del desarrollo, por lo que no es suficiente para financiar los 1,7 billones necesarios.

El valor de la economía mundial asciende 100 billones de dólares. Por lo tanto, involucrar al sector privado en el financiamiento del agua parece ser la única forma sostenible de alcanzar los ODS. Por desgracia, hoy en día hay muy pocos financiadores privados en este sector en los países emergentes porque el agua se percibe como un sector arriesgado y poco rentable.

¿Cómo se puede lograr que la financiación del agua sea lo suficientemente atractiva para los inversores privados?

Como hemos visto más arriba, una cuarta parte de los recursos son desplegados en la actualidad, principalmente por los bancos de desarrollo, los gobiernos y, en mucha menor medida, por las fundaciones filantrópicas. En lugar de utilizar recursos financieros para llevar a cabo un número limitado de proyectos en forma de préstamos y subvenciones, ¿por qué no utilizar el financiamiento público como catalizador para eliminar las barreras que actualmente inhiben la inversión privada? Este concepto se denomina financiamiento mixto. Se define como "el uso estratégico del financiamiento del desarrollo y los fondos filantrópicos para movilizar los flujos de capital privado hacia los mercados emergentes y de punta". El financiamiento filantrópico y público puede utilizar diversas herramientas para reducir el riesgo de los financiadores privados o aumentar su rendimiento, como ser los fondos de desarrollo, fondos de garantía, fondos de reserva y préstamos sin intereses. Así pues, la contribución de los fondos filantrópicos o públicos puede adoptar diferentes modalidades, en función de las necesidades de un proyecto.

Estudio de caso: Financiamiento mixto para la ampliación de la planta de tratamiento de aguas residuales de As-Samra en Jordania

Ubicación: Amán y Zarqa, Jordania

Contexto

Jordania es uno de los países con mayor escasez de agua del mundo. Los niveles per cápita de recursos hídricos disponibles han descendido a 155 m^3, muy por debajo del umbral de 500 m^3 de escasez absoluta de agua. A esto se añade el rápido crecimiento demográfico del país y la gran afluencia de refugiados, que está generando un enorme aumento de la demanda. Ello supone una enorme presión sobre las infraestructuras hídricas. En particular, la planta de tratamiento de aguas residuales de As-Samra, diseñada inicialmente para tratar las aguas residuales de los 2,3 millones de habitantes de Ammán, casi alcanzó su capacidad máxima en 2008.

Por ello, el gobierno jordano decidió ampliar la planta y, al mismo tiempo, mejorarla para poder utilizar las aguas residuales tratadas en la agricultura, liberando así agua dulce para su uso por la población. Sin embargo, el proyecto era demasiado caro para ser financiado por el país. Los intentos de conseguir financiamiento privado a través de un préstamo bancario tampoco tuvieron éxito.

Enfoque de financiamiento mixto

Como el costo del proyecto era de 223 millones de dólares, el Ministerio del Agua decidió financiarlo mediante un contrato de construcción-explotación-transferencia (BOT, por *build-operate-transfer* en inglés). En el marco del BOT, el gobierno delega la construcción, la explotación y el financiamiento del proyecto en empresas privadas. Les concede el derecho a explotarlo comercialmente, durante un periodo determinado, al final del cual la instalación se transfiere nuevamente al gobierno. En consecuencia, un consorcio de empresas privadas, liderado por Suez, creó una sociedad instrumental (SPV, por *special purpose vehicle* en inglés) con el objetivo de que el financiamiento fuera atractivo para estos inversores privados. Se recurrió a una combinación de diversos financiamientos:

- un banco de desarrollo estadounidense, la Millennium Challenge Corporation (MCC), proporcionó una subvención de 93 millones de dólares para las obras de ampliación;
- el Gobierno aportó otros 20 millones de dólares;

- los pagos están garantizados por un fondo de reserva del Ministerio del Agua, garantizado a su vez por el Ministerio de Hacienda.

El enfoque de financiamiento mixto redujo los costos del proyecto y aumentó la rentabilidad, limitando al mismo tiempo el riesgo.

La SPV financió los 110 millones de dólares restantes, incluyendo 102 millones en deuda comercial de una alianza de bancos locales jordanos y otras instituciones organizada por el Arab Bank. Los 8 millones restantes fueron financiados por el consorcio en forma de capital.

Figura 1: Modelo del contrato de inversión

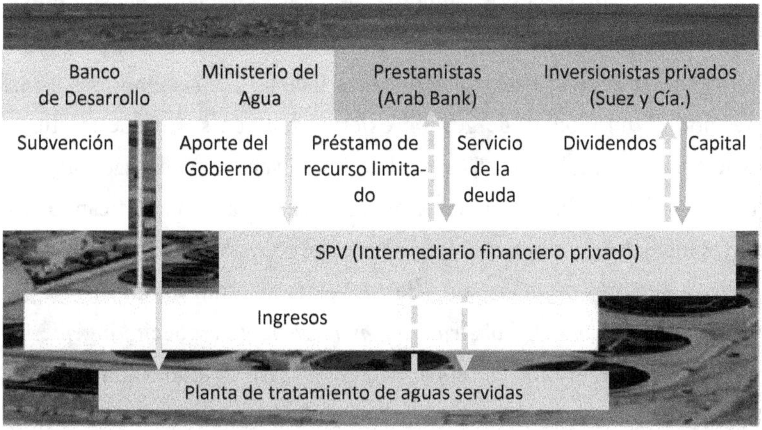

Fuente: Banco Mundial.

Resultados

Este enfoque permitió obtener financiamiento para incrementar la capacidad de procesamiento de la planta en un 40%. La modernización también permitió utilizar las aguas residuales tratadas para el riego, liberando agua dulce adicional para el uso doméstico de más de dos millones de personas.

Conclusión

El financiamiento público y la subvención al desarrollo permitieron atraer a financiadores privados, sin los cuales el proyecto no habría visto la luz. Para estos agentes privados, los riesgos y la rentabilidad eran sostenibles. Para Jordania, esto ayudó a abordar un problema vital para su población que el país no podía resolver solo.

Este tipo de modelo puede aplicarse a muchos proyectos en todo el mundo, especialmente en los países emergentes. En fWE tenemos la convicción de que la promoción de este tipo de modelos es una de las claves para resolver la crisis mundial del agua. Gracias a nuestra doble experiencia en el sector del agua y en la inversión, nos hemos propuesto la misión de apoyar a las colectividades locales y a las empresas en la creación de un modelo de gestión externalizada de sus infraestructuras relacionadas con el agua. Desarrollamos y diseñamos con cada uno de nuestros clientes la mejor solución para cada caso, identificando las partes interesadas que deben participar en el proyecto —bancos de desarrollo, inversores privados, agencias del agua, contratistas EPCM (*engineering, procurement, construction management*, es decir, ingeniería, adquisiciones y gestión de construcción)— y, a continuación, proporcionamos apoyo continuo hasta que su proyecto esté efectivamente en marcha.

Para más información: http: //waterassetdeveloper.com

14

EL PAPEL Y EL ALCANCE DEL PRINCIPIO DE "EL QUE CONTAMINA PAGA" EN LA GESTIÓN DEL AGUA

Anne Petitpierre-Sauvain

El principio de "el que contamina paga"

El principio de "quien contamina paga", también conocido como principio de causalidad, exige que los costos de los daños ambientales sean pagados por los responsables de los mismos, es decir, los contaminadores[52]. Este objetivo solo se cumple si esos costos incluyen no sólo la restauración y la limpieza, sino también la prevención de más daños en el futuro. Por tanto, los costos de prevención también deben ser pagados por el contaminador potencial.

El principio se aplica a todos los costos externos o "externalidades" (es decir, los costos sociales derivados de los daños medioambientales).

---

[52] Anne Petitpierre-Sauvain es profesora honoraria de la Facultad de Derecho de la Universidad de Ginebra y miembro del Colegio de Abogados de Ginebra. Se especializó en derecho mercantil y derecho medioambiental y dio clases en varias universidades europeas: Estrasburgo, Limoges, Lugano. Ha dirigido programas de investigación apoyados por la Fundación Nacional Suiza para la Ciencia y la Red Suiza de Estudios Internacionales sobre comercio, medio ambiente y biotecnología, respectivamente, y sobre transferencia de tecnología, comercio y medio ambiente. Las publicaciones científicas son el resultado de esta investigación.

Exige la internalización de los gastos de prevención y mitigación de los daños ambientales, así como los derivados de la adopción de medidas adecuadas en relación con la responsabilidad del contaminador. También se expresa a través de impuestos de incentivo que, por un lado, proporcionan los recursos necesarios para cubrir los costos de protección del medio ambiente y, por otro, muestran el costo real de los productos y servicios, lo que le confiere una función informativa y educativa.

En el derecho internacional, el principio de "quien contamina paga" apareció por primera vez el 26 de mayo de 1972 en la Recomendación C(72)128 de la OCDE sobre los principios rectores relativos a los aspectos económicos internacionales de las políticas ambientales, y el 14 de noviembre de 1974 en la Recomendación C(74)223 sobre la aplicación del principio de "quien contamina paga". En un contexto más general, se incluye en el principio 16 de la Declaración de Río.

El principio de "El que contamina paga" y el acceso al agua

Preguntas sobre el precio del agua

¿Debe tener el agua un precio? En tal caso, ¿debe corresponder a la "internalización" de los costos?

- ¿costos de la eliminación de otro servicio de agua?,
- ¿costos de la infraestructura de suministro de agua?,
- ¿costos de la eliminación y el tratamiento de las aguas residuales?

¿Quién, en la cadena de producción y consumo, debe pagar los costos?

¿El derecho al agua (como bien necesario) excluye el pago por ella, incluso en función del principio de que quien contamina paga?

¿Incluye el derecho de acceso el derecho a contaminar? De ser así, ¿cuáles serían los límites?

¿Debería implementarse un servicio público de agua correspondiente al derecho humano? ¿Quién debería pagarlo?

Principio de "el que contamina paga" y responsabilidad

Preguntas sobre los usos del agua

¿Deben prohibirse algunos usos del agua (contaminación excesiva),

- ¿en función de los costos de tratamiento que se derivan de los mismos?,
- ¿en función del tipo de impacto en la calidad del agua (daño a la biodiversidad)?,
- ¿en función del tipo de impacto en la disponibilidad del agua (efectos negativos sobre los derechos de otros usuarios)?

Si todos los usos son lícitos, ¿cómo deben distribuirse los costos?
- ¿en función de la cantidad captada (internalización de los costos)?
- ¿en función de los derechos de terceros (responsabilidad)?

¿Es concebible un mercado de agua competitivo?

- Si no fuera así, ¿cómo debe gestionarse la asignación?
- si no, ¿quién debe pagar los costos del uso del agua?

ÉTICA DE LA PAZ:
GESTIÓN DE LOS CONFLICTOS DE INTERESES Y DE LOS CONFLICTOS ENTRE USUARIOS DEL AGUA

15

HIDROPOLÍTICA INTERNACIONAL: LECCIONES DEL JORDÁN Y DEL NILO PARA LA DIPLOMACIA DEL AGUA

Mark Zeitoun

La diplomacia del agua debe mejorarse

La diplomacia del agua debería estar fundamentada en análisis sólidos y normas objetivas sobre el reparto del agua[53]. Dado que los conflictos internacionales por el agua transfronteriza son de naturaleza distributiva, se ajustan perfectamente a la definición de política de Lasswell, parafraseada como "quién decide quién obtiene qué, cuándo y cómo".

Este documento extrae lecciones para la diplomacia del agua de dos ríos que suelen considerarse cooperativos, pero en los que la asimetría en el reparto del agua es extrema: el Nilo y el Jordán. La caracterización

---

[53] Mark Zeitoun es profesor de la Escuela de Desarrollo Internacional de la East Anglia University, en Norwich (Reino Unido), y director del Centro de Investigación sobre Seguridad del Agua de la UEA. Le interesan las formas en que la asimetría de poder y la justicia social interactúan para influir en la política del agua y en las relaciones con el agua. Este interés proviene de su trabajo como ingeniero de aguas en la ayuda humanitaria en zonas de conflicto y postconflicto en África y Oriente Medio. También es consultor habitual sobre política de seguridad del agua, hidrodiplomacia y negociaciones internacionales sobre aguas transfronterizas.

errónea se debe en parte al uso de herramientas analíticas inadecuadas y a la falta de normas objetivas, entre otras cosas. Aquí se afirma que las deficiencias de las técnicas analíticas pueden mejorarse mediante herramientas que permitan interpretar las asimetrías de poder, así como la coexistencia de conflicto y cooperación. También se examina aquí el potencial y los límites del derecho internacional del agua como herramienta diplomática.

El poder y la coexistencia de conflictos y cooperación en los ríos Jordán y Nilo

El análisis de la gran mayoría de los conflictos transfronterizos por el agua se basa en la Escala de Intensidad de Eventos de Cuencas en Riesgo (BAR, por *basins at risk*, en inglés)[54] (Wolf, Yoffe y Giordano 2003). Esta herramienta plantea el conflicto y la cooperación en materia de agua en los extremos opuestos de un espectro, y se suele utilizar con datos de la Base de Datos de Disputas Transfronterizas sobre el Agua Dulce (TFDD 2008). Dejando a un lado las recientes críticas relacionadas con la calidad del conjunto de datos (Kalbhenn y Bernaeur 2012), la escala BAR ha servido para poner de manifiesto que la inmensa mayoría de los incidentes internacionales relacionados con el agua son más bien "cooperativos", lo que también ha contribuido a disipar la resonancia mediática sobre la existencia de guerras por el agua.

Sin embargo, el uso combinado de la escala BAR y un enfoque cuantitativo revela una serie de deficiencias que impiden la utilización de este análisis: una tendencia a restar importancia a los conflictos no violentos por el agua, a ignorar el contexto político e histórico y —quizás lo más importante— presunciones ingenuas sobre la cooperación (Zeitoun

---

[54] La escala BAR ha inspirado una serie de estudios econométricos de América del Norte (Yoffe y Larson 2001; Dinar *et al.* 2012) y Europa (por ejemplo, Brochmann 2012) para avanzar en el análisis de los conflictos por el agua.

y Mirumachi 2008). Por ejemplo, la escala BAR presenta los tratados de aguas transfronterizas como evidencia de que la cooperación ha alcanzado un pináculo, aunque muchos otros autores han señalado su ineficacia (Bernauer y Kalbhenn 2008) o bien los fines coercitivos a los que sirven (Conca 2006; Zeitoun, Mirumachi y Warner 2011). En ocasiones, como en el caso del Nilo y el Jordán, el tratado sobre el agua es el problema, y se aconseja a los analistas de los conflictos sobre agua transfronterizos que presten especial atención al aspecto destructivo de esa "cooperación".

Afortunadamente, otra herramienta —el nexo de interacción de aguas transfronterizas o Transboundary Water Interaction Nexus (TWINS) de Mirumachi (2007)— ofrece una forma más realista de interpretar las relaciones entre los Estados. Reconociendo que el conflicto y la cooperación entre Estados pueden coexistir (por ejemplo, los técnicos recogen datos conjuntamente, mientras los políticos se dedican a la retórica), el TWINS convierte la escala de BAR en una matriz. La figura 1 muestra la matriz TWINS y su aplicación a las relaciones entre Sudán y Egipto por el Nilo.

Figura 1: Matriz TWINS de Mirumachi de conflicto y cooperación en materia de agua, aplicada a las relaciones bilaterales a lo largo del tiempo entre Sudán y Egipto (hasta 2008)

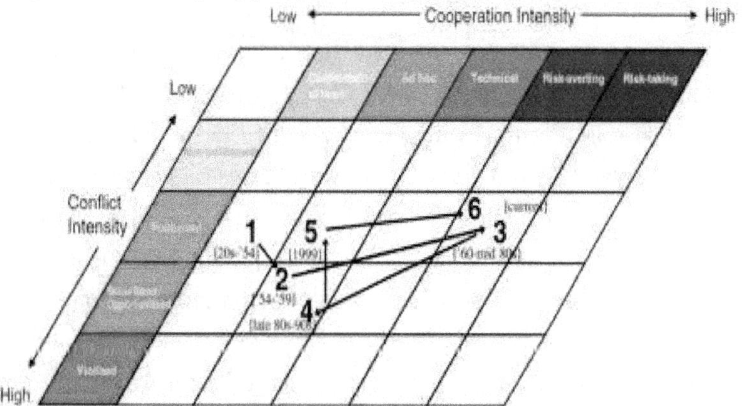

Fuente: Zeitoun y Mirumachi 2008: fig. 3.

Representando en un gráfico el conflicto y la cooperación simultáneamente, el analista puede empezar a percibir cómo algunos actores podrían optar por destacar los eventos cooperativos sobre los conflictivos, o viceversa; normalmente la perspectiva elegida refleja sus intereses políticos. Por ejemplo, la interacción entre Egipto y Etiopía durante el periodo de la Iniciativa de la Cuenca del Nilo (1990-2010) se presentó como conflictiva desde las perspectivas de Etiopía (Mekonnen 2010), pero se presentó como cooperativa desde la perspectiva de Egipto (Metawie 2004) o a medio camino entre ambos por el Banco Mundial (Grey 2006). Esta última perspectiva no suele mencionar el Tratado del Nilo de 1959, que otorga la mayor parte de los caudales a Egipto (y ninguno a Etiopía, que no participó en las negociaciones), mientras que la primera siempre se apresura a señalar los efectos de ese acuerdo tan sesgado. El hecho de que los ministros de cada país estuvieran discutiendo conjuntamente la recogida de datos y los proyectos de desarrollo enmascaró las tensiones en la raíz del conflicto del Nilo, al menos para las partes más poderosas. Así, el observador acrítico podría verse tentado por la idea de que la cooperación técnica importa más que el conflicto político, y consiguientemente pasar por alto los aspectos estratégicos, de manipulación y coercitivos de la "cooperación".

Esta asimetría de poder entre los actores de las aguas transfronterizas es la otra pieza del rompecabezas que los diplomáticos del agua deben tener en cuenta. La influencia especialmente fuerte del poder "blando" se pone de relieve a través del marco analítico de la hidrohegemonía (Zeitoun y Warner 2006), por ejemplo, para demostrar el quién decide y el cómo de la definición de Lasswell. Los autores revelan cómo las amenazas militares (una expresión blanda del poder duro) pueden respaldar expresiones de poder blando como la construcción del conocimiento, la "sanción" del discurso y la firma de tratados sesgados. El efecto no es solo mantener un reparto asimétrico del agua, sino conseguir el consentimiento de la parte más débil y de los mediadores internacionales al acuerdo. El Acuerdo de Oslo II de 1995 entre Israel y la Autoridad Nacional Palestina, por ejemplo, fijó una distribución de caudales del 90%-10% en favor de quien detenta la hegemonía de la cuenca, Israel. El consentimiento de la Organización de Liberación Palestina (OLP) al acuerdo compromete a la parte palestina a autoimponerse las condiciones inequitativas del acuerdo y ha demostrado ser un obstáculo considerable para el desarrollo sostenible del sector del agua en Cisjordania y Gaza (Banco Mundial 2009). El Comité Conjunto Israelí-Palestino para el Agua, tan ensalzado entonces y que aún perdura, está ahora desacreditado como una herramienta israelí para legitimar el proyecto colonial israelí de asentamientos a través de las negociaciones sobre el agua (Selby 2013), un ejemplo de "dominación disfrazada de cooperación" (*ibid.*). Tanto el consentimiento palestino al Acuerdo como la disputa en el seno del Comité pueden explicarse en términos de la coerción aplicada por la parte israelí, pero también por la distribución asimétrica de los caudales que están en el origen del conflicto, hecho muy rara vez mencionado siquiera por la comunidad diplomática internacional (Zeitoun 2008) en ninguna de las varias iniciativas de agua transfronteriza actuales (Waslekar 2011; por ejemplo, FOEME 2012b; FOEME 2012a).

Una diplomacia del agua eficaz sigue estando ausente.

La legislación internacional sobre el agua como guía para un reparto equitativo del agua

De ello se desprende que los esfuerzos diplomáticos destinados a resolver o transformar los conflictos sobre las aguas transfronterizas deben tener en cuenta tanto la coexistencia entre el conflicto y la cooperación como la influencia del poder blando. Sin embargo, incluso con una base analítica sólida, los esfuerzos diplomáticos se verían potenciados si trabajasen en pos de un objetivo o medida común de reparto equitativo del agua. La legislación internacional sobre el agua presenta algunas oportunidades en este sentido.

Las reclamaciones de los Estados sobre las cuotas de agua se han basado en la soberanía territorial (la "doctrina Harmon") o en el principio de "primero en el tiempo, primero en el derecho", es decir, un Estado puede hacer lo que quiera con el agua, sin tener en cuenta el impacto aguas abajo o a quienquiera que necesite el agua más adelante. Sin embargo, se ha desarrollado un enfoque más multilateral a través de la práctica consuetudinaria de los Estados, y se ha codificado en la Convención de las Naciones Unidas sobre el derecho de los usos de los cursos de agua internacionales para fines distintos de la navegación (UNWC)[55] de 1997. El artículo predominante de la UNWC relacionado con el reparto del agua es el "uso equitativo y razonable"[56] que proporciona un punto intermedio entre los intentos de establecer la soberanía sobre un recurso que burla las fronteras políticas, y la perfecta equidad, que no tiene en cuenta las realidades sociales y físicas sobre la dependencia de los caudales (millones de agricultores egipcios no tienen otra opción que depender de los caudales de aguas superficiales, dada la falta de precipitaciones en el país, por ejemplo).

Como todo el derecho internacional, el llamado derecho internacional de aguas tiene detractores, pero al establecer el "uso equitativo y razonable" como objetivo, es lo más parecido a una norma objetiva que cualquier mediador puede encontrar. El reciente informe de Clingendael

---

[55] La legislación internacional sobre el agua o derecho internacional de aguas también incluye el Convenio del Agua de la Comisión Económica para Europa de las Naciones Unidas (CEPE 1992), y el Proyecto de Artículos sobre Acuíferos (2008). Disponible en: https://legal.un.org/avl/pdf/ha/alta/alta_ph_s.pdf

[56] La UNWC también enumera una serie de factores que pueden utilizarse para determinar los derechos "equitativos y razonables", como el tamaño de la población, las necesidades económicas, el uso histórico, la disponibilidad de fuentes de agua alternativas, etc.

sobre la diplomacia del agua (van Genderen y Rood 2011) hace hincapié en este punto y reclama "intermediarios neutrales" y emprendedores de normas de reparto equitativo del agua. Además, el derecho internacional de aguas proporciona un marco jurídico que sirve para desbloquear el debate y permitir el empoderamiento público hacia la justicia medioambiental, al menos en teoría. Fruto del esfuerzo colectivo de decenas de años de deliberaciones entre científicos y juristas, los principios de la UNWC son un claro paso conceptual hacia una "comunidad de intereses" (PCIJ 1929; CIJ 1997) y una "soberanía compartida", y se alejan del unilateralismo.

La reticencia o resistencia generalizada a la ratificación de la UNWC ha provenido de una serie de Estados influyentes (véanse McCaffrey 2007; Rieu-Clarke y Loures 2009), normalmente por parte de aquellos que favorecen el *statu quo* asimétrico, como los que detentan la hegemonía de la cuenca (Woodhouse y Zeitoun 2008). Por tanto, el derecho internacional de aguas se enfrenta a los mismos retos que todas las formas de derecho internacional, en cuanto a la aplicación y el enfoque de "derecho blando" de orientación y desarrollo de normas. Ciertamente, no es realista esperar que la UNWC rectifique el reparto injusto en el Nilo o el Jordán, por ejemplo, pero vale la pena observar cómo los principios pueden ser empleados por los intermediarios o los Estados más débiles para la resolución de conflictos. Además, tomando el derecho como guía, otros enfoques de resolución de conflictos por el agua utilizados en conjunto (por ejemplo, Sadoff y Grey 2005; Phillips y Woodhouse 2010) pueden resultar más eficaces.

Conclusiones: la diplomacia del agua puede mejorarse

1. Aunque la asimetría de poder y la coexistencia de conflictos y cooperación pueden ser considerados como "hechos de la vida" en la mayoría de las cuencas del mundo, sus impactos destruc-

tivos y la escalada de tensiones no tienen por qué serlo. Los esfuerzos diplomáticos pueden basarse en un análisis crítico que incorpore esta realidad y que cuente con el apoyode herramientas como el marco analítico de la hidrohegemonía y el nexo de interacción de las aguas transfronterizas. Estos han servido en los casos del Nilo y del Jordán para explicar cómo las asimetrías de poder sirven para proyectar imágenes de la interacción hídrica transfronteriza (como positivas o negativas) para adaptarse a los fines políticos. Dado que la distribución de los caudales es totalmente injusta y poco razonable, las tensiones siguen aumentando en estos ríos y afectan al conflicto político más amplio de maneras difíciles de determinar, pero muy reales (véase, por ejemplo, DNI 2012).

2. La posibilidad de que el derecho internacional de aguas sirva para la resolución de conflictos o los esfuerzos de transformación reside en su llamamiento a un reparto "equitativo y razonable", pero se ve comprometida por la resistencia a dicha intervención por parte de los actores poderosos. Dado que la única opción son las iniciativas políticamente pragmáticas no dirigidas y además ciegas a los juegos de poder, el enfoque basado en principios sigue siendo el más deseable.

Referencias

Brochmann, Marit 2012 "Signing River Treaties Does it Improve River Cooperation?". *International Interactions* 38(2): 141 163.

Dinar, Ariel, David Katz, Lucia De Stefano y Brian Blankspoor 2012 Climate Change, Conflict, and Cooperation: Global Analysis of the Resilience of International River Treaties to Increased Water Variability. Rethinking Climate

Change, Conflict, and Security Conference, University of Sussex, 18-19 octubre de 2012.

Kalbhenn, Anna y Thomas Bernauer 2012"International Water Co-operation and Conflict: A New Event Dataset". Disponible en: SSRN: https://ssrn.com/abstract=2176609 o alternativamente en: http://dx.doi.org/10.2139/ssrn.2176609

McCaffrey, Stephen 2007 *The Law of International Watercourses.* Oxford: Oxford University Press.

Mirumachi, Naho 2007 "Fluxing Relations in Water History: Conceptualizing the range of relations in transboundary river basin". *Pasts and Futures of Water: Proceedings from the 5th International Water History Association Conference,* 13-17 junio de 2006, Tampere, Finlandia.

Rieu-Clarke, Alistair y Flavia Rocha Loures 2009 "Still not in force: Should States Support the 1997 UN Watercourses Convention?". *Review of European Community and International Environmental Law* 18(2).

TFDD 2008 Transboundary Freshwater Dispute Database. Corvallis, Oregon State University Institute for Water and Watersheds. http://www.transboundarywaters.orst.edu/database/.

Woodhouse, Melvin y Mark Zeitoun 2008"Hydro-Hegemony and International Water Law: Grappling with the Gaps". *Water Policy* 10(S2): 103-119.

World Bank 2009 *West Bank and Gaza: Assessment of Restrictions on Palestinian Water Sector Development Sector Note April 2009.* Middle East and North Africa Region Sustainable Development. Report No. 47657-GZ. Washington: The International Bank for Reconstruction and Development.

Zeitoun, Mark 2008 *Power and Water: The Hidden Politics of the Palestinian-Israeli Conflict*. London: I. B. Tauris.

Zeitoun, Mark, Naho Mirumachi y Jeroen Warner 2011 "Transboundary water interaction II: Soft power underlying conflict and cooperation". *International Environmental Agreements* 11(2): 159-178.

16

EL AGUA Y LA GUERRA: UNA PERSPECTIVA JURÍDICA

Mara Tignino

Una de las principales preocupaciones relacionadas con la posibilidad de que se produzcan enfrentamientos relacionados con el agua es que puedan dar lugar a conflictos armados entre naciones[57]. Las hostilidades pueden adoptar diversas formas: conflicto armado internacional, violencia interna en un país u ocupación de un territorio. Si observamos los vínculos entre el agua, la paz y la seguridad internacional, podemos considerar el agua no solo como uno de los factores del entorno natural desencadenantes de la guerra, sino también como un arma y como objetivo militar, un aspecto que a menudo se pasa por alto en los estudios sobre la relación entre los recursos hídricos y los conflictos armados.

Por último, cuando una disputa limita el acceso al agua y causa daños medioambientales a los recursos hídricos, la seguridad de toda la población se ve amenazada, lo que hace más largo y difícil el proceso de restablecimiento de la paz en el país afectado.

---

[57] Mara Tignino es profesora de la Facultad de Derecho de la Universidad de Ginebra, donde enseña derecho internacional del medio ambiente y derecho internacional del agua. Es la coordinadora de su Plataforma de Derecho Internacional del Agua, que forma parte del Geneva Water Hub. Se desempeña como experta y asesora jurídica de Estados y organizaciones internacionales.

El derecho internacional humanitario contiene normas importantes para la protección de los recursos hídricos en tiempos de conflicto armado. El Protocolo adicional a los Convenios de Ginebra del 12 de agosto de 1949 relativo a la protección de las víctimas de los conflictos armados internacionales y el Protocolo adicional a los Convenios de Ginebra del 12 de agosto de 1949 relativo a la protección de las víctimas de los conflictos armados sin carácter internacional de 1977 establecen la obligación de no atacar objetos indispensables para la supervivencia de la población civil, incluidos los depósitos de agua potable; prohíben el bombardeo de instalaciones que contengan fuerzas peligrosas, como presas y diques, y prohíben causar "daños generalizados, duraderos y graves al medio ambiente natural"[58]. Sin embargo, conviene subrayar que la protección establecida por estas normas es débil cuando se trata de cursos de agua internacionales. En particular, los artículos 35.3 y 55 del Protocolo I, que se refieren a la protección del medio ambiente en tiempos de conflicto armado, establecen condiciones difíciles de cumplir[59].

El derecho internacional que regula los cursos de agua internacionales puede proteger los recursos hídricos durante un conflicto armado. No obstante, los instrumentos que establecen normas para los conflictos armados relativos a los recursos hídricos transfronterizos son escasos. En el ámbito regional, solo el Protocolo revisado sobre los cursos de

---

[58] Artículos 35.3, 54, 55 y 56 del Protocolo adicional a los Convenios de Ginebra del 12 de agosto de 1949 relativo a la protección de las víctimas de los conflictos armados internacionales (Protocolo I); y artículos 14 y 15 del Protocolo adicional a los Convenios de Ginebra del 12 de agosto de 1949 relativo a la protección de las víctimas de los conflictos armados sin carácter internacional (Protocolo II).

[59] Véase M. Tignino (2011), *L'eau et la guerre: éléments pour un régime juridique* [El agua y la guerra: elementos de un régimen jurídico], Academia de Derecho Internacional Humanitario y Derechos Humanos de Ginebra. Bruselas: Bruylant.

agua compartidos en la Comunidad de Desarrollo del África Austral, adoptado el año 2000, contiene una norma a este respecto.

A nivel mundial, la Convención de las Naciones Unidas sobre el Derecho de los Usos de los Cursos de Agua Internacionales para Fines Distintos de la Navegación, de 1997, entró en vigor en 2014, y el Proyecto de Artículos sobre el Derecho de los Acuíferos Transfronterizos, adoptado por la Comisión de Derecho Internacional en 2008, contiene disposiciones relativas a los conflictos armados. Los términos de las disposiciones son ambiguos cuando se trata de aplicar estos instrumentos en tiempos de conflicto armado. Sin embargo, el análisis de la práctica real muestra que los países involucrados en conflictos armados sí tienen en cuenta los instrumentos que cubren la protección y la gestión de los cursos de agua. Este es el caso del régimen fluvial vigente en el Danubio.

Durante el conflicto de la antigua Yugoslavia, el Consejo de Seguridad de la ONU, actuando en virtud del capítulo VII de la Carta de las Naciones Unidas, impuso sanciones a la República Federal de Yugoslavia (Serbia y Montenegro). En la Resolución 820 de 1993, el Consejo de Seguridad confirmó "que no se permitirá a ningún buque registrado en la República Federal de Yugoslavia" o "en el que tenga una participación mayoritaria o de control una persona o empresa de la República Federal de Yugoslavia o que opere desde ella [...] pasar por instalaciones, incluidas las esclusas o canales fluviales dentro del territorio de los Estados miembros [...]"[60].

La Comisión del Danubio fue creada el 18 de agosto de 1948 por la Convención sobre el régimen de navegación en el Danubio. Durante el período comprendido entre 1993 y 1995, consciente de los riesgos que las sanciones del Consejo de Seguridad suponían para la libre navegación por el Danubio, subrayó la importancia de que los buques yugoslavos participaran en las obras de mantenimiento de la esclusa de las Puer-

---

[60] Resolución S/RES/820, par. 16.

tas de Hierro. A la luz de la información recibida por la Comisión del Danubio, el Consejo de Seguridad decidió en 1995 hacer excepciones a las sanciones a la navegación fluvial y permitir que los barcos yugoslavos repararan la esclusa de las Puertas de Hierro[61]. Durante su trabajo, la Comisión del Danubio debía asegurarse de que las excepciones autorizadas sirvieran para alcanzar el objetivo del Consejo de Seguridad[62]. A pesar del conflicto armado que tuvo lugar en la antigua Yugoslavia a principios de la década de 1990, el régimen de navegación establecido por la Convención de 1948 siguió vigente. Así pues, la Comisión del Danubio contribuyó al cumplimiento de este régimen durante un periodo de conflicto armado. La aplicación del derecho internacional humanitario y del derecho de los cursos de agua internacionales podría reforzar la protección concedida a vías navegables como estas. El cumplimiento de los instrumentos que cubren los recursos hídricos transfronterizos contribuye a evitar el riesgo de que se produzcan daños importantes en otros Estados ribereños. Como señaló la Corte Internacional de Justicia, los Estados deben "velar por que las actividades que se realicen dentro de su jurisdicción y control respeten el medio ambiente de otros Estados [...]"[63]. La aplicación de los instrumentos jurídicos relativos a los cursos de agua internacionales desempeña un papel importante en el cumplimiento de esta obligación general del derecho internacional.

---

[61] Resolución S/RES/992, par. 1.

[62] *Ibid.*, par 2.

[63] Opinión consultiva de la CIJ de 8 de julio de 1996 sobre la legalidad de la amenaza o el uso de las armas nucleares: Dictamen de la CIJ, Resúmenes de los fallos, opiniones consultivas y providencias de la ST /LEG/SER.F /1/ Add.1 Corte Internacional de Justicia 1992-1996: https://www.icj-cij.org/public/files/summaries/summaries-1992-1996-es.pdf.

17

AGUA POTABLE EN BATCHINGOU: ¡INCREÍBLE CONFRONTACIÓN ENTRE DAVID Y GOLIAT!

Hermine Meido

Fue en octubre de 2006 cuando, rodeado de algunos amigos y familiares cercanos, tuve el privilegio de convocar la asamblea para la constitución del GAB (Grupo de Acción Batchingou-Camerún) en Ginebra[64]. El objetivo inicial era mejorar la calidad de la atención en el Centro de Salud Integrado de Batchingou, un pueblo del oeste de Camerún.

Como las autoridades tradicionales acogieron nuestro proyecto con orgullo y entusiasmo, no había razón para no empezar. La gran ceremonia tuvo lugar en la jefatura de Batchingou, durante todo el día del 31 de diciembre de 2007. Los notables reunidos en el pueblo se encargaron de preparar y servir ofrendas a cada uno de los nueve santuarios del pueblo,

---

[64] Nacida en Camerún y goza de la condición de reina tradicional africana en el país bamiléké, Hermine Meido estudió en Suiza, donde obtuvo su doctorado en psicología en Ginebra. Ejerce como psicóloga independiente y también ha ejercido la etnopsiquiatría en hospitales. Es autora de varios libros y artículos sobre diversidad cultural. Dado su interés en ayudar al Centro de Salud de su aldea, creó una asociación en 2006 en Suiza. Consiguió motivar a los habitantes para que realizaran los movimientos de tierra para la captación y la instalación de tuberías. Ahora, el agua potable no solo llega al Centro de Salud, sino también a los distintos barrios del pueblo, que es muy disperso, a través de 24 tuberías verticales.

sin olvidar el antiguo cacicazgo. Tras ello, el GAB comenzó sus actividades sobre el terreno con total serenidad.

En un primer momento, asumimos la formación del asistente de laboratorio, así como a los dos auxiliares de enfermería a los que seguimos pagando un sueldo mensual.

Para reforzar la formación del personal, el GAB invitó en varias ocasiones a Jacques Bufquin-Goutaud, enfermero representante de la asociación AGIR en París.

En Ginebra, los miembros de la Asociación consideraron que no es posible proporcionar salud sin agua potable.

Afortunamente, conocí en Batchingou a Jean-Michel Yepdieu, que entonces era presidente del Comité de Concertación y Gobernanza de la Aldea. Su equipo había estudiado concienzudamente el terreno y había localizado manantiales en la montaña de Doubok. El informe inicialmente elaborado y firmado por las autoridades competentes debía ser enviado a la capital de Camerún, Yaundé, para su aprobación por la Dirección de Desarrollo Participativo.

A pesar de los esfuerzos del Comité de Consulta, el proyecto no fue aprobado. Alguna resistencia oculta se oponía a su aprobación. No entendimos las razones.

Sin embargo, el proyecto pudo seguir adelante porque Jean-Michel se convirtió en miembro fundador del GAB en Batchingou, y además responsable de la ejecución del proyecto de captación de agua.

Entonces, en torno a este hombre sencillo y valiente, se formó un núcleo de "hijos de la tierra comprometidos", y el trabajo comenzó. Dejo a los miembros del GAB que cuenten cómo los jóvenes, y no tan jóvenes, cargados con sacos de cemento o barras de hierro, recorrían más de un kilómetro cuesta arriba para construir depósitos de agua subterráneos. También relatarán el agotador y a veces peligroso trabajo que suponía romper las rocas para dar paso a las tuberías o para hacer grava, cavar la tierra árida y cortar las raíces de los árboles. Todo se hacía a mano.

A diferencia de otros proyectos relacionados con el agua, que reciben grandes cantidades de financiamiento, nosotros solo podemos contar con donaciones individuales y aportes de los socios. No obstante, el GAB sigue siendo una asociación sin ánimo de lucro y respeta las normas internacionales en cada una de sus decisiones.

Sin embargo, el proyecto de captación de agua por gravedad en Batchingou no solo no contó con ningún presupuesto, sino que nuestra humilde asociación, cuyo principal objetivo era mejorar la salud de los habitantes de Batchingou, debió hacer frente a muchos gastos.

Además, aprendí a mi costa que la ley de solidaridad, que era uno de los puntos fuertes de los africanos, se había transformado en una ley de oportunismo, alimentada por la corrupción. En este sentido, queda mucho trabajo por hacer para desarrollar la conciencia popular, con el fin de reconocer y respetar el bien común.

Decir que una asociación no tiene ánimo de lucro significa que apoya uno o varios proyectos humanitarios, sin pretender contribuir al enriquecimiento personal de nadie.

Sin embargo, por lo que he visto hasta ahora, paradójicamente, he podido darme cuenta de que los más ricos esperan seguir siendo privilegiados, incluso cuando se trata de la distribución de agua potable en Batchingou, una iniciativa sin fines de lucro.

Afortunadamente, el GAB ha podido mejorar, progresar y fortalecerse a través de tales obstáculos.

Aunque el proyecto se limitaba inicialmente a ocho puntos de toma de agua, y a pesar de nuestros limitados recursos, el GAB ha logrado ahora instalar veinticuatro tomas de agua en todo el pueblo. Los habitantes de algunos pueblos vecinos vienen incluso a Batchingou para obtener agua potable.

En varias ocasiones, la población ha mostrado su determinación, sobre todo en contra de los que quieren privatizar el agua en su propio beneficio.

Si Dios quiere, los miembros del GAB local seguirán manteniendo sus sistemas de captación de agua, asumiendo sus responsabilidades, como lo han hecho hasta ahora. Porque, al fin y al cabo, fueron los primeros en creer en ello y pusieron todo su empeño desde el principio. Solo por eso, merecen el respeto de todos.

Pero nada puede darse por sentado. Por eso hemos empezado a trabajar para concientizar a toda la población y hacerla responsable del mantenimiento del sistema de distribución de agua. Cada ciudadano debería considerar en un futuro próximo la posibilidad de participar, incluso económicamente, en el mantenimiento y reparación de las tuberías, grifos y otras partes del sistema.

Al final, tendremos que explotar un nuevo manantial además de los tres existentes.

La experiencia de los últimos años lo ha dejado claro. Hace unos meses, el país sufrió una gran ola de calor, y el agua se volvió extremadamente escasa. Una de las consecuencias fue la epidemia de fiebre tifoidea y otros tipos de fiebre.

Hasta ahora, el Centro de Salud ha seguido siendo nuestra principal preocupación y se ha podido documentar un descenso significativo de las enfermedades infecciosas en 2014.

También hay muchas expresiones personales de gratitud de la población. En conclusión, la lucha continúa.

18

LAS CONSECUENCIAS SOCIALES DE CONSTRUIR REPRESAS: ¿CUÁLES SON LAS RESPONSABILIDADES?, ¿CUÁLES SON LAS HERRAMIENTAS?

Evelyne Lyons

Las represas actuales, de dimensiones gigantescas gracias a los avances técnicos, y cuyas consecuencias ecológicas y sociales van más allá de las fronteras, son especialmente controvertidas[65].

La cuestión de las represas cuestiona los modelos de desarrollo y quizás incluso la propia noción de desarrollo. Por un lado, al incrementar el control humano sobre los caudales de los ríos, estas construcciones hacen a las poblaciones menos dependientes de los cambios en el drenaje natural (que es cada vez más variable con el cambio climático). Por otro lado, sus beneficios suelen ser menores de lo esperado, mientras que las consecuencias para las poblaciones directamente afectadas y

---

[65] Después de estudiar en la Escuela Nacional Superior de Minas de París, Evelyne Lyons trabajó como ingeniera encargada del seguimiento técnico y estratégico en la Agencia del Agua Sena-Normandía, y después en Suez-Lyonnaise des Eaux. Enseña recursos hídricos y gestión de conflictos relacionados con el agua en París Tech-Ponts, París Tech-Mines y en la Facultad de Ciencias Sociales y Económicas del Instituto Católico de París. Es miembro y administradora de la Academia Francesa del Agua.

para el medio ambiente pueden ser catastróficas. Las relaciones de poder que crean entre los países situados aguas arriba y aguas abajo, y entre las autoridades centrales y locales de un mismo país, desafían la capacidad institucional para gestionar el cambio de forma justa y pacífica.

Tras una importante oleada de construcciones en los países del Sur durante los años sesenta y setenta del siglo pasado, los científicos y numerosos grupos de la sociedad civil (en India, Estados Unidos, Francia y otros países) ofrecen ahora una mayor resistencia.

A finales de los años noventa, la Comisión Mundial de Represas (CMR) emprendió una importante revisión basada en análisis retrospectivos que culminó en el año 2000 con las nuevas recomendaciones incluidas en el informe "Represas y desarrollo". Sin negar la utilidad de las represas y la necesidad de construir más instalaciones de este tipo en el futuro, el informe enumeraba siete prioridades estratégicas desglosadas en 26 recomendaciones para tener en cuenta a la hora de planificar nuevos proyectos.

Las reacciones a estas recomendaciones han sido dispares. El principio de que es necesaria la aceptación pública de estos proyectos ha sido impugnado por muchos gobiernos con el argumento de actuar en interés de sus países. Sin embargo, algunos de los puntos se están aplicando gradualmente e incorporando a los nuevos textos normativos o regulatorios de las instituciones financieras. Por ejemplo, en el grupo del Banco Mundial, las políticas de salvaguardia del Banco se han mejorado para incluir mejor información de las poblaciones afectadas y, en particular, para brindar una mejor protección de las poblaciones indígenas en las relaciones con sus gobiernos. Los organismos de crédito a la exportación de la OCDE han adoptado "enfoques comunes" de protección, aunque inspirados en gran medida en las políticas de salvaguardia. Por lo que respecta a la financiación de empresas privadas, la Corporación Financiera Internacional ha emitido normas de actuación que se han incluido en los Principios de Ecuador adoptados por un gran número de bancos.

Estos principios prevén, en particular, la presencia de mediadores internacionales a los que las víctimas pueden recurrir. Además, la mayoría de los organismos nacionales que proporcionan ayuda internacional tienen sus propias normas —más estrictas que las de los propios países del Sur—, que reglamentan los estudios de impacto de los proyectos que podrían financiar. Sin embargo, esto es menos frecuente en el caso de la financiación de los países emergentes. Por último, la nueva norma de la Asociación Internacional de Hidroelectricidad para las represas hidroeléctricas[66], elaborada conjuntamente con China, incorpora algunas de las recomendaciones de la Comisión Mundial de Represas (CMR).

En principio, es responsabilidad de todo Estado proteger a sus ciudadanos, incluido el derecho de estos a una compensación justa por cualquier daño inevitable. Sin embargo, las organizaciones de la sociedad civil, incluidas las de ámbito internacional, se apoyan en gran medida en las diversas herramientas señaladas anteriormente para frenar o detener la construcción de nuevas represas. Esta es sin duda una oportunidad para negociar un mejor apoyo a las poblaciones afectadas. Las manifestaciones actuales relacionadas con el desarrollo gradual del río Narmada en la India están sirviendo principalmente para este propósito. El enfoque favorecido por la CMR, es decir la igualdad de derechos para las comunidades afectadas, tiene pocas posibilidades de ser adoptado como principio general de actuación. Por el contrario, los nuevos enfoques prometedores incluyen un análisis sistemático de los riesgos sociales para poder abordarlos de forma proactiva.

El ejemplo de la resistencia a la represa de Ilisu, en el río Tigris, en Turquía, muestra la sucesión de movimientos europeos de oposición que afectaron a su financiación, primero por parte de los británicos, y luego de los suizos, austriacos y alemanes. En la actualidad, el gobierno turco continúa el proyecto con financiamiento de China. Todo ello a pesar de

---

[66] "Hydropower Sustainability Assessment Protocol" de la International Hydropower Association (IHA).

dos decisiones sucesivas del Consejo de Estado turco, que se pronunció en contra de la construcción, y de la posible inclusión de la ciudad de Hasankeyf, de varios miles de años de antigüedad, en el Patrimonio Mundial de la UNESCO.

Así pues, la cuestión de las represas se encuentra estrechamente ligada a la de la democracia. La transición a la democracia suele ir acompañada del abandono de los proyectos gubernamentales de construcción de represas (en Birmania, por ejemplo). Sin embargo, la resistencia sistemática de la sociedad civil a todos los proyectos suele limitarse a retrasar las obras, potencialmente útiles, encareciendo su costo. En un contexto del cambio climático se necesitarán más represas y embalses para adaptarse a las nuevas condiciones. Sería más conveniente adoptar enfoques de concertación más flexibles y que incorporen mayor información, empoderamiento jurídico y seguimiento.

¿Dónde se sitúa la línea entre la ayuda al desarrollo y la estrategia de adaptación? Los términos del debate son a menudo confusos.

ÉTICA DE LA GOBERNANZA
Y EDUCACIÓN EN MATERIA DE AGUA

19

GESTIÓN EQUITATIVA
DE LOS ACUÍFEROS TRANSFRONTERIZOS

Benoît Girardin

Antecedentes

A diferencia de los cursos de agua, que fluyen a la vista de todos los residentes cercanos y crean una asimetría física entre las comunidades ribereñas de arriba y las de abajo, el agua de los acuíferos solo es accesible a través de manantiales o el bombeo[67]. Tanto sus caudales, como también sus reservas y su calidad, son mucho menos observables. En sentido estricto, carecen de una salida natural como los ríos: los manantiales y los pozos funcionan como puntos de contacto donde la descarga y la toma tienen lugar.

Más de la mitad del agua potable que ingieren los habitantes de la Tierra procede de los acuíferos o capas freáticas; en Europa, esta proporción se eleva hasta las tres cuartas partes. Según algunas estimaciones, el 47% de la superficie terrestre está cubierta por acuíferos transfronterizos (Charrier 1997), que adquieren así una gran importancia. Muchos acuíferos se extienden por debajo de varios países. Por ejemplo, el acuífero Guaraní —con un volumen de 40.000 km^3 de agua— está situado entre Brasil, Argentina, Uruguay y Paraguay, y se recarga fácil-

---

[67] Véase la sección "Las y los autores" al final del libro.

mente. También se puede mencionar el acuífero de arenisca de Nubia, entre Egipto, Libia, Sudán y Chad, o el acuífero Iullemeden, entre Malí, Níger y Nigeria, que se recarga con menos facilidad.

A tiro de piedra de Ginebra se encuentra un acuífero que ignora por completo la frontera política franco-suiza y es, por tanto, transfronterizo. La sobreexplotación de estos acuíferos se convierte en una tragedia, sobre todo en zonas con cultivos de regadío como el norte de China, el sur de Estados Unidos o el Punjab que comparten Pakistán e India, donde el nivel del acuífero ha descendido en diez metros desde 1973 y ha incrementado gravemente la salinidad del suelo. El bombeo del acuífero de Iullemeden ha superado su recarga desde 1995, lo que supone una amenaza para el río Níger durante la estación seca. El acuífero de Nubia también está sometido a una fuerte presión por parte de Libia y Egipto. En el caso concreto del acuífero de Ginebra, el mero riesgo de agotamiento ha propiciado una tentativa de acuerdo orientado a la conservación del recurso limitando la extracción de agua y favoreciendo su recarga sistemática[68].

Una característica de los acuíferos transfronterizos es que el bombeo puede producirse en un lado de la frontera mientras que la recarga se produce en el otro; el volumen de agua que se bombea puede quedar oculto durante mucho tiempo, y es posible que no se sepa que el acuífero se está contaminando, o que el contaminador lo sepa y finja no saberlo. El tiempo necesario para que se revelen los efectos de las medidas adoptadas puede ser relativamente largo, y se podría alcanzar un punto de no retorno antes de que nadie se dé cuenta. Los acuíferos vaciados pueden tardar décadas en volver a llenarse, y la descontaminación de las aguas subterráneas contaminadas puede resultar un proceso extremadamente difícil y costoso, por lo que podría simplemente abandonarse. En el caso de los cursos de agua o lagos superficiales, la probabilidad es

---

[68] http://www.agu.org/journals/wr/wr1201/2011WR010562/

mucho menor, ya que un bajo nivel de reserva o la contaminación se perciben rápidamente.

Por consiguiente, estas reservas de agua subterránea pueden considerarse ventajas estratégicas, así como también elementos de crisis potenciales. Teniendo en cuenta que la demanda de agua es cada vez mayor, que la presión sobre los acuíferos se ha intensificado debido a la proliferación de perforaciones y a los avances tecnológicos y, por último, que la gestión transfronteriza es una cuestión delicada, la confrontación parece un resultado probable.

En 2008, la UNESCO elaboró una lista y un mapa de los 273 acuíferos transfronterizos y actualmente se ha comprometido a desarrollar normas reconocidas internacionalmente para la gestión de los mismos. Esta tarea se está abordando de forma holística o integral, que comprende la identificación de los aspectos jurídicos, institucionales, socioeconómicos, medioambientales, científicos e hidrológicos relacionados.

Son muy pocos los acuerdos internacionales suscritos para regular el uso de los acuíferos transfronterizos, en claro contraste con el caso de los cursos de agua transfronterizos. La escasez de instrumentos jurídicos y acuerdos indica que el nivel de concientización de esta realidad aún no se corresponde con su gravedad, y que los parámetros de uso son más difíciles de definir.

Tradicionalmente, los marcos jurídicos y los acuerdos han considerado (1) los manantiales o los pozos —tratando así el agua como una mercancía (*commodity*)[69]—, o bien (2) el desarrollo de los filones mine-

---

[69] Tal es el caso del derecho público británico, el código civil francés y el derecho español, que, sin embargo, introduce la idea de un acuífero público. La tradición islámica es la más abierta, ya que habla del derecho a beber, dar de beber a los animales y regar la tierra, pero se limita a los pozos y manantiales sin mencionar los acuíferos. La primera vez que se tomaron en consideración los acuíferos transfronterizos como no fuera para la gestión conjunta de manantiales o pozos transfronterizos, fue durante una discusión de 1950 entre Luxemburgo y Alemania en relación con las consecuencias que podría tener para el acuífero la

ros o de los depósitos de petróleo transfronterizos, demostrando así una incapacidad de aprehender la realidad de los acuíferos transfronterizos y de tener en cuenta la naturaleza fluida, móvil y fungible del agua.

Figura 1. Representación esquemática de cursos de agua y acuíferos transfronterizos

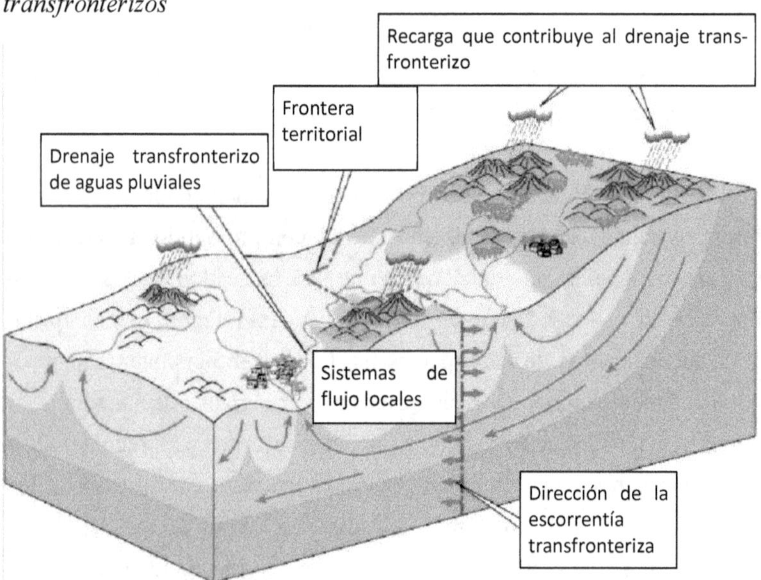

Fuente: Hume, B. (2007), "Water in the U. S.-Mexico Border Area". *Natural Resources Journal*, 40 (2): 189-197.

Por supuesto, no todas las configuraciones geográficas son idénticas. Se han sugerido varias tipologías basadas en las respectivas posiciones geográficas de los acuíferos y los cursos de agua —conectados o no— y, sobre todo, en función de si el acuífero está confinado o no, ya que la recarga y la descontaminación son posibles únicamente cuando no está

---

construcción de una represa en Luxemburgo. El acuerdo de 1978 entre Francia y Ginebra fue el primero que se centró en el acuífero propiamente dicho: extracción y recarga; véase G. de los Cobos 2015.

confinado. Sin embargo, no es el propósito aquí entrar en detalles tan sofisticados[70].

Recién en 1997 la Convención de las Naciones Unidas sobre el Derecho de los usos de los cursos de agua internacionales para fines distintos de la navegación reconoció explícitamente la conexión sistémica entre las aguas superficiales y las subterráneas. En diciembre de 2008, la Asamblea General de la ONU aprobó los 19 artículos elaborados por el Programa Hidrológico Internacional de la UNESCO y la Comisión de Derecho Internacional de la ONU para proporcionar un marco de gestión de los acuíferos transfronterizos. Cabe destacar que a mediados de 2010 se firmó un acuerdo relativo al acuífero Guaraní. En 2007 se reformuló el acuerdo de la región de Ginebra en el mismo sentido.

Desafíos y dilemas

El primer reto es político. Los acuíferos transfronterizos son gestionados por Estados soberanos que se inclinan "naturalmente" a adoptar un enfoque unilateral centrado en su territorio e intereses inmediatos, mientras que una gestión eficaz requiere ir más allá de la soberanía, o aceptar que esta es limitada y compartida tanto con los países vecinos como con las generaciones futuras. Para ver esto con claridad, basta con plantear preguntas sobre la propiedad de los acuíferos, los derechos de extracción, la capacidad de acceso y las obligaciones y responsabilidades de los Estados parte en materia de contaminación. Los dilemas se sitúan entre la gestión para hoy y la gestión sostenible, entre un enfoque nacional o uno internacional, entre un enfoque monofactorial o uno

---

[70] Aunque Barberis (1986) sugirió cuatro tipos de acuíferos transfronterizos en un estudio de la FAO, Ecktstein impugnó en 2005 dos de ellos y sugirió otros cuatro, llegando a un total de seis, para ilustrar la diversidad de situaciones hidrológicas y sus implicaciones legales, especialmente en términos de confinamiento o no confinamiento (conexión a un sistema hidrológico), así como la capacidad y localización de la recarga en función de los puntos de bombeo.

holístico, entre distintos niveles de responsabilidad: nacional, regional o incluso municipal, así como entre el Estado como propietario frente al Estado como administrador que cuida sus recursos, teniendo en cuenta la sostenibilidad. El compromiso de informar oportunamente a la otra parte es otro aspecto de esta limitación de la soberanía absoluta.

De hecho, la responsabilidad nacional sigue centrándose con demasiada frecuencia en el territorio nacional. De esta manera, los acuíferos transfronterizos señalan los límites de la soberanía tradicional, los límites del enfoque soberanista de un recurso que trasciende las fronteras de los territorios soberanos.

El segundo reto tiene que ver con una asignación equitativa y razonable del agua y la determinación de los derechos de los usuarios. Por supuesto, todos los países tienen derecho a un uso justo y razonable del recurso acuífero: quedan por definir los criterios de lo que es "equitativo y razonable", y es preciso identificar la autoridad que fijará y controlará los derechos. ¿Debe la "equidad" reflejar las necesidades del público, de la industria o del regadío, o simplemente la superficie o la cantidad de agua situada bajo el territorio de cada nación? En tal caso, el dilema tiene que ver con la cuota de solidaridad —para permitir, por ejemplo, el uso por parte de los agricultores menos pudientes o de los nómadas—, al tiempo que se subraya la responsabilidad en caso de sanciones o indemnizaciones. ¿Qué es lo más razonable? Teniendo en cuenta el futuro y la sostenibilidad, también se podría argumentar que lo "razonable" exige un cierto nivel de frugalidad, de manera que los volúmenes utilizados no superen los volúmenes de recarga. ¿Podría aplicarse esta autolimitación en un solo país?

El tercer reto tiene que ver con el propio recurso, su uso y su calidad, ya que podría producirse una contaminación, así como la recarga, que puede ser por percolación o bombeo, pero también podría verse afectada por la construcción de represas en la zona de percolación. En los casos de sobreexplotación o de contaminación unilateral, ¿cómo y sobre todo cuándo se puede determinar la responsabilidad y fijar las indemnizaciones o reparaciones? En este caso, el dilema se relaciona con una gestión eficaz, sostenible y justa que cumpla con el principio de "quien contamina paga".

El cuarto reto es de tipo económico: ¿qué precio hay que pagar por extraer y utilizar el agua, recargar el acuífero y controlar la cantidad y la calidad? La experiencia demuestra que la práctica del agua a costo cero ha conducido a una sobreexplotación devastadora y al acaparamiento por parte de actores poderosos capaces de aprender a utilizar tecnologías costosas y de implementarlas.

El quinto reto corresponde al ámbito científico: es imprescindible disponer de los conocimientos necesarios para describir el estado de la capa freática. ¿Es el acuífero recargable o no, confinado o no, accesible verticalmente, propenso a la salinidad? También se requiere la capacidad de medir las cantidades de agua existentes; los caudales; las cantidades extraídas, perdidas o desperdiciadas; así como medir la calidad del agua con la suficiente precisión y rapidez para evitar un punto de no retorno y, por último, para identificar las zonas con riesgo de contaminación. También se requiere la capacidad de establecer con precisión e imparcialidad la responsabilidad por el uso y la contaminación. Esta profesionalidad científica implica también una rapidez o "alta velocidad" acorde con la importancia de lo que está en juego.

El sexto reto es de carácter institucional y se refiere al estatus, las capacidades y la autoridad de la entidad de vigilancia. En primer lugar, la necesidad de un análisis y una acción rápidos exige que la gestión se lleve a cabo desde el punto más cercano posible a la zona del acuífero, lo que significa que deberán participar los municipios y no solo los gobiernos nacionales. Este fue el avance logrado en la cumbre de Karlsruhe de 1996[71]. En segundo lugar, la autoridad o institución de segui-

---

[71] El acuerdo de Karlsruhe de 1996 fue precedido por dos pasos importantes, el Convenio de Madrid sobre Cooperación Transfronteriza entre Comunidades o

miento debe ser profesional, imparcial, atenerse a los hechos, y eficiente. Su independencia debe estar fuera de toda duda, ya que debe sugerir o incluso imponer sanciones. El dilema relacionado con la composición de la agencia de supervisión tiene que ver con la combinación adecuada de profesionalidad frente a lealtad, tanto respecto de un país como de varios.

Como se puede ver, existen dilemas entre la sostenibilidad y la eficacia, la responsabilidad compartida y la equidad, la solidaridad y la conciliación, en un contexto de tensiones y amenazas potenciales para la paz y la seguridad.

La ética es importante: tal como el diablo, se oculta en los detalles

La gestión justa y adecuada de los acuíferos transfronterizos se basa en un marco de referencia ético, que, bajo el término de justicia, se concentra en la responsabilidad, la equidad, la sostenibilidad y la solidaridad. Este marco de referencia permite alcanzar una gestión eficaz y adecuada —véanse asimismo mi artículo sobre la gobernanza del agua (capítulo 22), así como los capítulos 26 a 31, que tratan detalladamente estos aspectos—.

Al buscar una gestión conjunta, cuyos términos no puedan ser impuestos unilateralmente por ninguna de las partes, se crea una dinámica de construcción de la paz. Por el contrario, la contaminación intencionada o tolerada por una de las partes puede considerarse una hostilidad declarada. Por tanto, es de suma importancia la aceptación de un tipo de soberanía nacional que sea a la vez pluralista y limitada. Esta es una condición esencial para una gestión eficaz de los acuíferos.

Autoridades Territoriales, seguido del Convenio de Helsinki de 1992 sobre la Protección y Utilización de los Cursos de Agua Transfronterizos y los Lagos Internacionales.

Este marco de referencia ético resulta de evidente utilidad en los acuerdos y convenios internacionales, donde es bien aceptado a juzgar por el creciente número de convenios que se han firmado o se están firmando.

La experiencia de la gestión transfronteriza del acuífero franco-ginebrino[72], plasmada en un acuerdo inicial en 1978 y reelaborada treinta años después en 2007, demuestra claramente la importancia de la ética para la eficacia de los instrumentos de aplicación, evaluación y seguimiento. Tales "detalles" se destacan a lo largo de esta experiencia:

- Originalmente, en nombre de la soberanía, el enfoque adoptado fue la gestión unilateral, es decir, dos sistemas de gestión paralelos. Cada una de las partes consideraba que el asunto debía gestionarse para servir mejor a "sus propios" contribuyentes. Este enfoque pronto resultó ser demasiado efímero e inadecuado. Una transición gradual hacia la gestión conjunta de un recurso compartido requería que cada parte aceptara que su soberanía estaba supeditada a un interés superior, y que la sostenibilidad del recurso en el tiempo no podía ser ignorada.

- La necesidad de eficiencia y de una gestión estrecha de la operación, especialmente en situaciones de emergencia, propició el paso de un acuerdo a nivel estatal en 1978[73] a un acuerdo entre

---

[72] La necesidad de utilizar un enfoque transfronterizo en la gestión del acuífero de Ginebra surgió cuando se vio que el recurso había disminuido drásticamente en la década de 1960 debido a un bombeo excesivo que superaba la tasa de recarga natural. El nivel del acuífero había descendido 7 metros y un tercio de toda la capa de agua había desaparecido en 20 años.

[73] El acuerdo firmado en 1978 entre el Cantón de Ginebra y la República Francesa —representada por la Prefectura de la Alta Saboya— fue sustituido en 2007 por un acuerdo firmado entre las entidades gubernamentales locales que delegaban su autoridad en las entidades operativas: respectivamente, el organismo público e independiente Gestión del Agua, la Energía y los Residuos de Ginebra

organismos operativos, mediante un marco formal de delegación. La unidad y la diversidad siempre dinámicas de las agencias fueron aceptadas gracias a un marco de confianza pacientemente construido.

- Con el tiempo, una vez confirmada dicha confianza entre los socios y consolidada mediante el intercambio de información y la gestión conjunta de casos de emergencia, se pudo avanzar hacia una responsabilidad mutua y recíproca. Los procedimientos de medición, planificación y seguimiento son bilaterales y transparentes: los criterios y los umbrales de riesgo se definen conjuntamente, las zonas de riesgo a ambos lados de la frontera se identifican de forma conjunta, las cantidades de agua bombeadas a ambos lados de la frontera y la cantidad que se recarga son medidas y facturadas por un organismo operativo único. La viabilidad técnica facilita la interacción política, y la base científica establece la objetividad e imparcialidad y refuerza la confianza mutua.

- La distribución de los costos de explotación y recarga se basa en la equidad, aunque también con un elemento de solidaridad y contrapeso: equidad porque cada parte paga en proporción a la cantidad de agua bombeada, y en la solidaridad mediante la exención para la parte francesa de los primeros dos millones de metros cúbicos y la mención de un techo de precio si el consumo de la parte suiza disminuye considerablemente[74].

- Estas dos políticas pueden resumirse como razonables y los controles y equilibrios son proporcionados.

(SIG) y la Comunidad del Área Regional Metropolitana de Annemasse (Communauté d'Agglomération de la Région d'Annemasse).

[74] Estos dos millones de metros cúbicos reflejan el consumo francés estimado durante la anterior época de gestión compartida, cantidad que fue compensada por la recarga natural de la capa freática.

- Desde el punto de vista ético, cabe destacar que una gestión eficiente, eficaz y adecuada es, al mismo tiempo, una gestión justa que se basa en los valores de la responsabilidad, la equidad, la sostenibilidad y la limitación, y que se aplica utilizando medidas operativas detalladas y transparentes, especialmente la rendición de cuentas mutua.

- Se trata de un proceso de construcción de confianza incremental, mutua e internacional que se fortalece con el tiempo; al contrario de los procesos en los que la cooperación está precondicionada por el cumplimiento de algún requisito previo esencial.

- Los actores clave deben sentarse en torno a una mesa para expresar sus intereses y riesgos, para poder entender los intereses, preocupaciones y temores de la otra parte.

En muchos lugares del mundo, los países que comparten un acuífero no tienen la misma capacidad institucional ni los mismos conocimientos técnicos. Por lo tanto, el riesgo de que el país más fuerte saque ventaja no es ni mucho menos nulo. Entonces puede resultar prudente recurrir a una tercera instancia, multilateral o regional independiente que se implique desde el principio en la evaluación conjunta de los pasos dados y los riesgos. La aplicación de políticas y estrategias sostenibles, así como de las campañas de sensibilización para evitar la escalada de los conflictos, y las asociaciones técnicas multisectoriales serían muy ventajosas. Aquí, de nuevo, se afirman la equidad, la responsabilidad y la sostenibilidad, complementadas por un tipo de solidaridad que puede evitar la trampa de la dependencia. Esto no sustituye a la voluntad política, pero sin duda puede contribuir a hacerla más adecuada y justa.

Bibliografía escogida

Barberis, Julio A. 1986 "International Groundwater Resources Law", *Food and Agricultural Organisation. Legislative Study* 40.

Charrier, Bertrand, Shlomi Dinar y Mike Hiniker 1998 "Water, conflict resolution and environmental sustainability in the Middle East", *Arid Lands* vol. 44, pp. 1-10.

De los Cobos, Gabriel 2010 "The Transboundary Aquifer of the Geneva Region (Switzerland and France): Successfully Managed for 30 years by the State of Geneva and France", *ISARM 2010 International Conference on Transboundary Aquifers: Challenges and new directions. Paris*".

De los Cobos, Gabriel 2015 "A historical overview of Geneva's artificial recharge system and its crisis management plans for future usage", *Environmental Earth Sciences* 73/12, pp. 7825-7831.

Eckstein, Yoram y Gabriel E. Eckstein 2005 "Transboundary Aquifers: Conceptual Models for Development of International Law", *Groundwater* vol. 43/5.

Hume, Bill 2000 "Water in the US-Mexico Border Area", *Natural Resources Journal* vol. 40, pp. 341-378.

Lipponen, Annukka (ed.) 2007 *Groundwater resources sustainability indicators* (p. 114). Paris: Unesco.

Puri, S., B. Appelgren, G. Arnold, A. Aureli, S. Burchi, J. Burke, J. Margatand y P. Pallas 2001 *Internationally Shared (Transboundary) Aquifer Resources Management: Their Significance and Sustainable Management. A Framework Document*. Paris: International Hydrolog Programme, UNECE. IHP-VI, IH UNESCO.

Richts, Andrea y Jaroslav Vrba 2016   "Groundwater resources and hydroclimatic extremes: mapping global groundwater vulnerability to floods and droughts. *Environ Earth Sciences* 75, 926. https://doi.org/10.1007/s12665-016-5632-3

Tignino, Mara y Sangbana Komlan 2015   "Public participation and water resources management: Where do we stand in international law". *International conference proceedings.*

Wada Yoshihide, Beek van L. P. H., Bierkens Marc F. P 2012 "Nonsustainable Groundwater Sustaining Irrigation: A Global Assessment". *Water Resources Research* vol. 48/6. http://www.agu.org/journals/wr/wr1201/2011WR010562.

Wada, Y., L. P. H. van Beek, and M. F. P. Bierkens (2012), Nonsustainable groundwater sustaining irrigation: A global assessment, Water Resour. Res., 48, W00L06, doi:10.1029/2011WR010562

Zektser, Igor S. y Lorne G. Everet 2004 "Groundwater resources of the world and their use". *UNESCO IHP-VI Series on Groundwater* No. 6. Paris.

Fuentes

UNWC 1997 Convención de las Naciones Unidas sobre el derecho de los usos de los cursos de agua internacionales para fines distintos de la navegación.

Proyecto de Artículos sobre Acuíferos 2008   Disponible en: https://legal.un.org/avl/pdf/ha/alta/alta_ph_s.pdf

UNESCO World Water Assessment Program (AP) 2001 [informes trienales desde 2003 hasta 2011, y luego reportes temáticos].

20

GESTIÓN DEL AGUA EN PERÚ: ¿QUÉ CLASE DE PALTAS ESTAMOS COMIENDO?

Christian Häberli

Oro y agua del Perú

Hace cuatro siglos, Perú nos dio la papa, que nos salvó de la hambruna en Europa[75]. Pero los incas también erigieron uno de los mayores imperios del mundo, sin ruedas, sin hierro, sin escritura y sin caballos, y revolucionaron la producción agrícola, la seguridad alimentaria, las tecnologías de conservación desconocidas en Europa y el riego, incluso en las regiones desérticas.

Hoy en día, la gestión del agua es un reto aún mayor que en la época precolombina. La agricultura aporta el 8% del PIB y emplea a un tercio de la mano de obra femenina. La tecnología avanzada de riego convierte literalmente el agua en oro. Pero, por poner el ejemplo de la palta, que ahora se comercializa en todo el mundo, no solo es más rentable para el productor, sino que también consume mucha más agua: se necesitan mil litros para producir un solo kilo de esta deliciosa fruta. La cuestión es si, al comer paltas y beber el agua virtual que contienen, estamos privando de agua a las poblaciones urbanas, a los mineros de oro y cobre que

---

[75] Véase la sección "Las y los autores" al final del libro.

obtienen divisas y a las campesinas. ¿Y esas agricultoras, en lugar de cultivar nuestras paltas, no se ganarían mejor la vida trabajando sus propios campos —con esa agua a la que han tenido acceso durante siglos para cultivar sus papas—? Por no hablar de los increíbles paisajes naturales y la extraordinaria biodiversidad de Perú, encarnada para siempre por la diosa Pachamama.

De hecho, el estrés hídrico es un problema grave en Perú, donde apenas el 10% de la población total vive en la selva amazónica (equivalente al 66% del territorio nacional), donde las precipitaciones son muy abundantes. Todos los demás habitantes, unos 30 millones, viven en el desierto o en el altiplano. Ahí es donde crecen nuestras paltas, espárragos y los ingredientes para el *pisco sour*. Y es allí donde el costo de producir, transportar y distribuir el agua es más elevado. ¿Cómo podemos garantizar el derecho al agua a la parte de la población que ya no tiene medios para pagar el precio de mercado? Es un compromiso extremadamente difícil y nunca sostenible: las poblaciones urbanas políticamente privilegiadas y los agricultores de cultivos comerciales bombean del acuífero, y las minas (industriales y, sobre todo, artesanales) contaminan los ríos, a menudo hasta que están clínicamente muertos.

Paltas, agua y los asuntos locales

En el valle de Ica, a unos 500 kilómetros al sur de Lima, no queda mucho del río Ica (estacional y desviado), ni del famoso canal de riego supuestamente construido por el noveno inca, el célebre Pachacútec Yupanqui (1438-1471). El mal mantenimiento y el cambio climático son solo dos de las razones. La actual escasez para todos ha llevado a la agricultura comercial a emigrar al desierto costero, donde el agua es subterránea, no renovable, pero de mucha mejor calidad.

En resumen, el dilema de la gestión del agua en estas condiciones es la elección entre una parcela familiar casi sin agua, ineficiente y caro, y las plantaciones de alta tecnología que utilizan mucha menos agua, pagan mejor a sus trabajadoras y ganan mucho más vendiendo sus productos de cultivo comercial en Lima o en Ginebra. Además, parece que pagan a sus trabajadoras hasta tres veces el salario mínimo legal, que en 2016 era de 30 soles al día (unos 8 euros). Perú, hay que decirlo, no es pobre. Según las estadísticas del Banco Mundial, solo el 3% de la población total vive por debajo del umbral de la pobreza.

Mientras que los políticos, economistas e ingenieros agrónomos parecen satisfechos con esta situación, los sociólogos denuncian una crisis de gobernanza en el valle de Ica, y en todo el Perú, derivada según ellos de la política neoliberal de sus gobiernos.

La cuestión es cómo evaluar la sostenibilidad de las paltas. A decir verdad, nada es seguro en este país que puede haber salido de sus frecuentes crisis políticas y golpes de Estado, salvo que el agua será cada vez más escasa y que seguirá habiendo terremotos y tormentas y otros desastres de todo tipo. Por no hablar de otros retos existenciales de Perú, como el cambio climático, El Niño y el precio del cobre.

¿Vale más una palta en la mano que dos en el monte?

¿Qué soluciones?

Es importante recordar que el agua no fluye sola. Demasiado a menudo, en Perú como en otras partes, fluye hacia los ricos, y hacia los hombres. Y el agua virtual que contiene cada palta se consume incluso en nuestros hogares en Ginebra.

El reto es garantizar una asignación equitativa del agua. Pero, ¿cómo podemos conseguirlo? ¿Debemos dejar de comer paltas para tranquilizar nuestra conciencia? Por supuesto, es posible que todos lo hagamos, pero esto también reduciría los ingresos de las y los trabajadores agrícolas peruanos.

Podríamos limitar nuestro consumo a la fruta considerada de "comercio justo" por la organización Max Havelaar. Sin embargo, si queremos que el agua fluya de forma equitativa, debemos saber que "orgánico" no es sinónimo de "bien gestionado" o de "precio justo". Y no está bien que definamos, en Suiza y para todo el mundo, lo que son las "paltas de comercio justo y sostenible".

¿Podemos medir —y cobrar— el agua virtual de cada palta? Hay algunas vías interesantes que explorar. Pero no son muy realistas en esta fase del debate.

Lamentablemente, no existe una norma pública acordada internacionalmente para las "paltas de comercio justo y sostenible". Así que tampoco es posible prohibir las importaciones solo de los productores de paltas depredadores que desvían el agua de los pobres y pagan mal a sus trabajadores agrícolas. Por otro lado, ya existen muchas normas de calidad privadas en Europa y Estados Unidos. La que yo prefiero, basándome en mi propia investigación y experiencia, se llama GlobalGap. Sin embargo, un problema que veo en esas normas privadas es que a menudo son una imposición por parte de nuestras cadenas de distribución.

Personalmente, me parecen muy interesantes las propuestas del exdirector general de Nestlé, Peter Brabeck-Letmathe. Reconocía frecuente y explícitamente el Derecho al Agua y abogaba por que una determinada cantidad de agua sea suministrada gratuitamente alrededor del manantial que producía agua mineral para su empresa. Según Nestlé, esta agua para los residentes cercanos debería y podría ser pagada por los consumidores de agua mineral. Para los economistas, se trata de una forma de precios de transferencia (*transfer pricing*).

En cuanto al agua para la agricultura, en línea con la idea del Sr. Brabeck-Letmathe, Perú podría quizás regular el acceso al agua reservando para la pequeña agricultura una parte del agua bombeada por los exportadores, a un precio asequible justificado por su presencia desde tiempos prehispánicos. Para evitar la competencia desleal y el *dumping* social por parte de los competidores de México, Guatemala, Chile, Sudáfrica, Ghana, Israel y España, la cooperación entre los mayores exportadores sería obviamente algo excelente.

¡Manténganse en sintonía!

21

GOBERNANZA DE LOS OCÉANOS Y LOS DESAFÍOS DE LOS RESIDUOS MARINOS

Daniela Diz

Esta contribución explora el fragmentado sistema de gobernanza marina a la luz de los desafíos que plantean los desechos marinos, especialmente los impactos del plástico (y los microplásticos) en la biodiversidad marina[76]. Para ello, explora las obligaciones de la Convención de las Naciones Unidas sobre el Derecho del Mar (CNUDM) y su relación con el Convenio de las Naciones Unidas sobre la Diversidad Biológica (CDB) y otros instrumentos pertinentes, incluidos los objetivos de desarrollo sostenible (ODS).

Es necesario adoptar un enfoque holístico para abordar el problema (especialmente de las fuentes terrestres), considerando a la vez los im-

---

[76] Daniela Diz tiene una formación interdisciplinaria en derecho ambiental internacional, ciencias del mar y gestión de ecosistemas. Es miembro del Strathclyde Centre for Environmental Law and Governance de la Universidad de Strathclyde, que explora la evolución del derecho internacional en la gobernanza de mares y océanos. Ha trabajado para el gobierno brasileño como abogada medioambiental y para WWF Canadá como responsable de la política marítima. Como investigadora del Programa de Servicios Ecosistémicos para la Reducción de la Pobreza (ESPA), estudia el reparto justo y equitativo de los beneficios en el medio marino, especialmente en el derecho y la política pesquera internacional.

pactos acumulativos de los desechos marinos con otros factores de estrés en la biodiversidad y las especies. Por ejemplo, aunque el plástico es químicamente inerte, puede absorber contaminantes orgánicos en altas concentraciones. Los microplásticos pueden quedar retenidos en los tejidos de las especies marinas y de los seres humanos en la parte superior de la cadena alimentaria, y los contaminantes asociados podrían ser liberados al ser ingeridos[77]. El enmarañamiento entre especies marinas también es un gran problema; la basura plástica flotante también puede transportar especies invasoras. El Programa de las Naciones Unidas para el Medio Ambiente (PNUMA) ha calculado que el 80% de los desechos marinos y los plásticos proceden de fuentes terrestres y que entre el 90 y el 95% de la contaminación marina está compuesta por plástico[78].

En el marco de la Parte XII de la Convención de las Naciones Unidas sobre el Derecho del Mar (CNUDM), el artículo 192 impone a los Estados la obligación absoluta de proteger y preservar el medio marino, y el artículo 207 (1) obliga a los Estados a adoptar leyes y reglamentos para prevenir, reducir y controlar la contaminación del medio marino procedente de fuentes terrestres, teniendo en cuenta las normas y mejores prácticas acordadas internacionalmente. Este artículo permite, por tanto, la incorporación por referencia de instrumentos políticos como las decisiones del Convenio sobre Diversidad Biológica (CDB) respecto de los desechos marinos y las resoluciones de la Asamblea de las Naciones Unidas sobre el Medio Ambiente (UNEA). El artículo 213 de la Convención de las Naciones Unidas sobre el Derecho del Mar (CNUDM) también es pertinente, pues no solo exige que los Estados adopten leyes y reglamentos, sino que también los hagan cumplir, tomando al mismo tiempo medidas orientadas a la adopción de normas internacionales.

---

[77] Cole *et al.*, 2011.

[78] UNEP, 2016.

Varios otros instrumentos internacionales[79] abordan la cuestión de los desechos marinos, tanto de origen terrestre como marino, lo que ayuda a interpretar y aplicar de forma sistémica las obligaciones de la CNUDM sobre la protección del medio marino frente a la contaminación en virtud de la Parte XII. Por otra parte, dado el carácter fragmentario del actual régimen jurídico que regula los desechos marinos, es fundamental realizar esfuerzos para mejorar la cooperación y la coordinación entre los distintos foros internacionales, a fin de lograr una aplicación integral de dichas obligaciones. En este sentido, es importante señalar los esfuerzos de la Asamblea de las Naciones Unidas para el Medio Ambiente (UNEA), a través de su Resolución 2/11 (2016) sobre el plástico marino, para abordar la cuestión reconociendo la necesidad de una respuesta mundial urgente que tenga en cuenta un enfoque del ciclo de vida del producto. La resolución también acogió con satisfacción el trabajo de diferentes convenciones, como el CDB, sobre los impactos de los desechos marinos en la biodiversidad marina, y pidió la coordinación de

---

[79] Entre otros, el Convenio Internacional para Prevenir la Contaminación por los Buques (MARPOL), Anexo V sobre Prevención de la Contaminación por Basura de los Buques; el Convenio de Londres y su Protocolo de Londres; el Convenio de Basilea sobre el Control de los Movimientos Transfronterizos de los Desechos Peligrosos y su Eliminación; el Acuerdo sobre la Conservación de Albatros y Petreles; el Programa de Acción Mundial para la Protección del Medio Marino frente a las Actividades Realizadas en Tierra, y los Programas y Convenios sobre Mares Regionales; el Convenio de Estocolmo sobre Contaminantes Orgánicos Persistentes; el Código de Conducta para la Pesca Responsable de la FAO; el Acuerdo de las Naciones Unidas para la Aplicación de las Disposiciones de la Convención de las Naciones Unidas sobre el Derecho del Mar, de 10 de diciembre de 1982, relativas a la Conservación y Ordenación de las Poblaciones de Peces Transzonales y las Poblaciones de Peces Altamente Migratorios (Acuerdo sobre Poblaciones de Peces).

los esfuerzos. La sesión de 2017 de la UNEA será especialmente importante dada su temática general sobre la contaminación[80].

La Agenda 2030 para el Desarrollo Sostenible de las Naciones Unidas y sus objetivos de desarrollo sostenible (ODS) son asimismo particularmente importantes, sobre todo la relación entre el ODS 14.1 (sobre la prevención y reducción de la contaminación marina, en particular de los desechos marinos procedentes de fuentes terrestres para 2025) y los ODS 12.1 y 12.5 sobre la producción y el consumo sostenibles, ya que el ciclo de vida del plástico está en el centro del problema. En relación con los ODS, cabe destacar que la Decisión XIII/3 del CDB (2016)[81] insta a las Partes a integrar la biodiversidad en la aplicación de todos los ODS pertinentes al aplicar la Agenda 2030 para el Desarrollo Sostenible. Las Partes pueden hacerlo, por ejemplo, aplicando la Decisión XIII/10 del CDB[82] sobre los desechos marinos, que instó a los Estados a prevenir y mitigar los posibles impactos adversos de los desechos marinos, teniendo en cuenta las Orientación Práctica Voluntaria del CDB sobre la prevención y mitigación de los impactos de los desechos marinos en la biodiversidad y los hábitats marinos y costeros[83]. A pesar de su carácter voluntario, estas orientaciones del CDB podrían interpretarse como normas acordadas internacionalmente en virtud del artículo 207 de la CNUDM antes citado.

Impactos sobre el hábitat

Algunas zonas son más vulnerables que otras; por ejemplo, hay pruebas de que cuando el hielo del Ártico se congela, atrapa microplás-

---

[80] UN Environment Assembly, disponible en: <http://www.unep.org/environmentassembly/>.

[81] CDB, 2016.

[82] *Ibid.*

[83] *Ibid.*

ticos flotantes, lo que da lugar a la concentración de cientos de partículas por metro cúbico[84]. Esto es tres órdenes de magnitud mayor que algunos recuentos de partículas de plástico en el Gran Parche de Basura del Pacífico. También se ha descubierto que las profundidades marinas son un importante sumidero de microplásticos[85].

El parágrafo 5 del artículo 194 de la CNUDM establece la obligación de proteger y preservar los ecosistemas raros o frágiles y los hábitats de especies degradadas, amenazadas o en peligro, así como otras formas de vida marina. Sin embargo, la CNUDM no establece criterios para identificar esas zonas, y depende una vez más de otros instrumentos para hacerlo. Varios instrumentos han desarrollado criterios y procesos de identificación pertinentes. Cabe destacar el proceso de áreas marinas ecológica o biológicamente significativas (EBSA) del CDB[86]. El CDB ha descrito 279 zonas en todo el mundo que cumplen los criterios de las EBSA[87]. Aunque la descripción de las EBSA no desencadena automáticamente medidas de conservación y gestión, dada su naturaleza científica y técnica, a la luz del artículo 194 (5) de la CNUDM, los Estados costeros[88] y las organizaciones competentes tienen la obligación de adoptar medidas de conservación y gestión adecuadas para proteger estos lugares. A la luz de esto, los impactos de los desechos marinos en las EBSA también deberían evaluarse al considerar las medidas de con-

---

[84] Obbard *et al.*, 2014.

[85] Woodall *et al.*, 2014.

[86] Diz, 2016

[87] Los criterios de las EBSA fueron adoptados por la Decisión IX/20 del CDB, Anexo I, e incluyen las siguientes características: singularidad o rareza; importancia especial para las etapas del ciclo vital de las especies; importancia para las especies y/o hábitats amenazados, en peligro o en declive; vulnerabilidad, fragilidad, sensibilidad o recuperación lenta; productividad biológica; diversidad biológica y naturalidad. El proceso para describir las EBSA a escala mundial se inició mediante la Decisión X/29 del CDB.

[88] Con respecto a las EBSA situadas en la jurisdicción nacional.

servación y gestión de estas zonas (por ejemplo, la EBSA del Mar de los Sargazos[89] constituye un buen ejemplo).

Conclusión

A pesar de las obligaciones de la Convención de las Naciones Unidas sobre el Derecho del Mar (CNUDM) relativas a la protección y preservación del medio ambiente marino, incluso de los desechos marinos y los plásticos de todas las fuentes, su aplicación está retrasada. Es urgente mejorar la gestión de los residuos marinos y terrestres, fomentar las asociaciones de las partes interesadas, los planes de formación y la reducción de los envases y los productos de larga duración, cuestiones también relacionadas con la necesidad de prácticas y normativas de producción y consumo sostenibles. Por último, se necesata una mayor coordinación entre los esfuerzos internacionales relacionados con los desechos marinos y se recomendaría un análisis comparativo de los instrumentos políticos y jurídicos existentes. Dicho análisis también podría basarse en la relación entre la CNUDM y los instrumentos internacionales pertinentes, incluido el CDB, para facilitar la aplicación de normas y mejores prácticas acordadas a nivel mundial e incorporadas por referencia en virtud de las obligaciones de la CNUDM para evitar y minimizar esta enorme amenaza para la biodiversidad marina y costera.

Referencias

CDB (Convenio sobre la Diversidad Biológica) 2016 Decisión XIII/10, Annex, Doc CBD/COP/DEC/XIII/10, 10 diciembre de 2016. Disponible en: https://www.cbd.int/doc/decisions/cop-13/cop-13-dec-10-es.pdf
https://www.cbd.int/doc/legal/cbd-es.pdf

---

[89] Law *et al.*, 2010.

Cole, Matthew *et al.* 2011   "Microplastics as Contaminants in the Marine Environment: A Review". *Marine Pollution Bulletin* 62 (12): 2588-2597.

Diz, Daniela 2016 "Unravelling the Intricacies of Marine Biodiversity Conservation and its Sustainable Use: An Overview of Global Frameworks and Applicable Concepts", en: E. Morgera y J. Razzaque (eds.), *Biodiversity and Nature Protection Law*. Cheltenham UK/Northampton MA: Edward Elgar Publishing, pp. 123-144.

Law, Kara Lavender *et al.* 2010 "Plastic accumulation in the North Atlantic Subtropical Gyre". *Science* 329 (5996): 1185-1188.

Obbard, Rachel W. *et al.* 2014   "Global Warming Releases Microplastic Legacy Frozen in Arctic Sea Ice". *Earth's Future* 2 (6): 315-320.

UN Environment Assembly, online: < http://www.unep.org/environmentassembly/>.

UNEP 2016 *Marine Plastic Debris and Microplastics: Global Lessons and Research to Inspire Action and Guide Policy Change*. Nairobi: United Nations Environment Program.

Woodall, Lucy C. *et al.* 2014 "The Deep Sea is a Major Sink for Microplastic Debris". *Royal Society Open Science* 1 (4): 140317.

22

GOBERNANZA DEL AGUA: UN PROCESO ÉTICO Y DE PROTAGONISTAS MÚLTIPLES

Benoît Girardin

El objetivo aquí es destacar el beneficio político y social de concebir y dirigir los procesos de negociación como un proceso ético y de considerar la propia gobernanza del agua como un esfuerzo ético[90]. Las negociaciones que resultan más eficaces —relevantes y eficientes— a largo plazo son aquellas en las que se tienen en cuenta los intereses de todas las partes interesadas y se organiza un proceso de evaluación de las necesidades comunes que determina las posibles cuantificaciones como base de un compromiso y se llega a una fórmula de reparto de los recursos aceptable y adecuada para todos.

Es preciso hacer una advertencia con respecto al llamado sector informal. En los países en los que la economía informal representa un tercio o incluso más del PIB, el sector informal es uno de los protagonistas a los que les resulta difícil enviar representantes a la mesa de negociaciones. Con demasiada frecuencia solo se analiza y regula la economía formal, mientras que se tiende a ignorar los daños causados por la economía informal o en su perjuicio. La inexistencia de grupos de presión y de voz explica tal ausencia. Sin embargo, la experiencia nos muestra cómo la mayor parte de los sectores pobres de las sociedades,

---

[90] Véase la sección "Las y los autores" al final del libro.

que carecen de acceso a las fuentes públicas o a los sistemas de distribución de agua o lo tienen difícil, sufren la mala calidad del agua que compran a precios elevados en comparación con los habitantes promedio. Paradójicamente, el precio de un galón de agua vendido en bidones de plástico o incluso en botellas por los comerciantes de agua supera con creces el precio del agua suministrada a través de fuentes públicas o redes de distribución. En consecuencia, es fundamental vincular *la economía formal y la informal*[91], lo que complica, pero también enriquece, la relación entre los niveles macro y micro. Los incentivos específicos para el sector informal no solo son aconsejables, sino necesarios.

Los usuarios del agua son tan diversos como los individuos y los hogares para el uso doméstico: los agricultores para el cultivo y el riego de los campos, los pescadores para la captura de peces y otros nutrientes, los operadores turísticos para los cruceros, las plantas industriales para fabricar sus productos, la limpieza, el refresco, las empresas de transporte para el transporte de mercancías y personas, las ciudades para el suministro de agua potable y la limpieza de residuos y basura de las calles. La lista no es ni mucho menos exhaustiva. Todos ellos deberían sentarse en torno a la misma mesa de negociación.

Como el agua no es fácil de transportar, las negociaciones se circunscriben principalmente a zonas geográficas concretas: cuencas hidrográficas formadas por arroyos, ríos, lagos y zonas bajas, o incluso presas y canales. Pero también pueden referirse a las capas freáticas o a los acuíferos, que en muchos casos se extienden por debajo de varios países y requieren acuerdos internacionales.

---

[91] Véase Elinor Ostrom, Ravi Kanbur y Basudeb Guha-Khasnobis (2007), *Linking the Formal and Informal Economy: Concepts and Policies*. Oxford: Oxford University Press.

Consultas o negociaciones con múltiples partes interesadas. Compensaciones y establecimiento de prioridades

La experiencia internacional y regional demuestra ampliamente que esas negociaciones son o bien complejas y tortuosas —como lo demuestra, por ejemplo, la escasa capacidad de ejecución y la dificultad para llegar a un consenso y tomar medidas rápidas de la comisión de la cuenca del Mekong— o bien abiertamente conflictivas —como en la gestión de los ríos Jordán, Éufrates y Nilo[92]—.

Una dificultad adicional puede originarse en las incoherencias o incluso en las divergencias entre los tres niveles principales de una gobernanza y una gestión del agua sólida, eficiente y eficaz:

1. el marco político o nivel macro, que establece las prioridades generales, así como los marcos reglamentarios e institucionales;

2. la cuenca regional, donde las asociaciones de actores y las grandes comunidades de intereses presionan para obtener mayores cuotas y donde se imponen *de facto* o se acuerdan normalmente amplias fórmulas de asignación, lo que suele denominarse nivel meso;

3. el nivel micro de individuos, hogares y grupos de usuarios, que compiten por la "misma" agua.

Estos tres niveles pueden converger dentro de un marco coherente o divergir una respecto de la otra y dar lugar a conflictos o ineficiencias. Por tanto, la inclusión y el diálogo son fundamentales.

Esas dos vías de consulta o negociación —la horizontal entre las partes interesadas y la vertical sobre los tres niveles— registran a menudo

---

[92] Véase la contribución de Mark Zeitoun en el capítulo 15. Del mismo modo, en el caso de algunas capas freáticas que atraviesan las fronteras nacionales, donde solo algunos sistemas funcionan satisfactoriamente, véase mi artículo en el capítulo 19.

etapas conflictivas antes de llegar a una forma de compromiso. Pueden seguir la regla del más rápido, del más poderoso o del actor tecnócrata que puede entonces imponer su propio interés o punto de vista, amenazar a los competidores o dejarlos solo con las gotas que quedan. Una insuficiente capacidad de inclusión y una escasa capacidad de escucha o incluso la falta de voluntad de diálogo resultan ser los ingredientes que mejor preparan los fracasos o incluso los conflictos.

Las incoherencias entre niveles pueden provocar dilemas y escasez debido a la falta de planificación y previsión adecuadas, como se ha visto en 2018 en Sudáfrica, donde las autoridades municipales de Ciudad del Cabo se han amparado en las competencias nacionales para que se construyan represas con la antelación suficiente pero no han podido presionar al gobierno para que ejecute a tiempo los cronogramas. El resultado es una dramática escasez de agua potable.

Por último, pero no por ello menos importante, la gobernanza del agua no comprende únicamente el lado del suministro, sino también el reciclaje del agua usada, que hoy en día añade importantes recursos y no puede dejarse de lado en los procesos de negociación. La responsabilidad de reciclar de manera óptima se está convirtiendo en parte integrante de cualquier acuerdo y se considera una baza sólida.

Un marco de referencia ético

Cualquier proceso destinado a especificar fórmulas amplias de asignación del agua es un proceso técnico que necesita recopilar datos e identificar los volúmenes de agua disponibles, su fluctuación entre los años o estaciones secos y lluviosos, así como las fluctuaciones mensuales. También hay que medir las demandas respectivas para las necesidades agrícolas, industriales y urbanas, y ponderar su "importancia". Pero si esos datos técnicos son necesarios, no bastan por sí solos para tomar decisiones adecuadas. Las necesidades son aquí una cuestión de vida o muerte, allí una cuestión de comodidad. Se requiere una evaluación ética, y esa evaluación no puede ser impuesta por burócratas o autócratas. Para que la asignación sea duradera y sostenible, el proceso de negociación debe ser equitativo y el seguimiento de su aplicación también debe formar parte del acuerdo.

Aquí se asume que, para alcanzar resultados sostenibles, toda negociación debe considerar la equidad en su médula (la justicia como imparcialidad)[93]. La justicia se considera un valor que se debe compartir, pero también una línea directriz que sirva de guía a lo largo de las negociaciones y las adaptaciones a nuevos contextos.

La equidad es un concepto sumamente rico y amplio. Puede desarrollarse de forma significativa a través de seis marcadores clave que se representarían de la siguiente manera:

---

[93] Al respecto, veánse John Rawls (1999), *A Theory of Justice. Revised edition.* Oxford: Oxford University Press; John Rawls (1991), "Justice as fairness: Political not metaphysical", en: *Equality and Liberty*, London: Palgrave Macmillan, pp. 145-173; Amartya Sen (2009), *The Idea of Justice*, Cambridge MS: Harvard University Press; Amartya Sen (1991), *On Ethics and Economics*, Oxford: Blackwell.

- La equidad aboga por un acceso equitativo y recíproco, no necesariamente igualitario, pero sí respetuoso con las necesidades y requisitos básicos.

- La responsabilidad debe hacer hincapié en la rendición de cuentas de los usuarios en términos de la cantidad, y la de los contaminadores en términos de calidad.

- La solidaridad consiste en recordarnos que determinadas zonas disponen de menos agua, sufren de escasez o interrupciones estacionales. Las aguas contaminadas de los arroyos requieren una acción específica, dirigida por la solidaridad.

- La sostenibilidad debe mantener la atención en la renovación del recurso, minimizando los residuos, rejuveneciendo los ríos, manteniendo las riberas.

- La paz y la seguridad ayudan a evitar que los pozos, ríos o arroyos se conviertan en un arma de sometimiento, un instrumento de chantaje y amenaza para los usuarios ribereños, o para alimentar los conflictos.

- La unidad y la diversidad pueden ayudar a mantener simultáneamente las expectativas unitarias y la diversidad de usos e intereses.

Estos seis valores fundamentales deberían ayudar a las partes interesadas en la negociación a alcanzar algún compromiso sobre la asignación del agua. Esos protagonistas difieren entre sí no solo en cuanto a necesidades e intereses, sino también en cuanto a conocimientos, habilidades y datos. Los valores deberían ayudar a organizar la consulta o la negociación y a minimizar el riesgo de que los actores más fuertes, con mayor conocimiento, más informados y con mayor capacidad mediática logren inclinar la balanza a su favor.

Un proceso ético

El moderador del proceso de consulta/negociación debe tener en cuenta los seis valores sin restar importancia o ignorar ninguno de ellos. El moderador debe fomentar el diálogo para que la fórmula de asignación a los diversos grupos de usuarios respete los seis valores de forma aceptable. La inclusión es clave para evitar la obstrucción por parte de un solo segmento de interesados y el eventual recurso a la violencia por parte de algunos otros[94].

Estos seis valores no especifican una fórmula preestablecida de asignación ni tampoco decisiones preparadas de antemano, sino que pueden tomarse como pasos o hitos clave del proceso de consulta o negociación. Cada grupo de usuarios debe ser convocado a presentar sus propias expectativas y preocupaciones.

Esto debería ayudar a que el diálogo alcance gradualmente un cierto nivel en el que las necesidades y demandas de todas las partes interesadas se expongan, se sometan a debate y, a continuación, se sopesen y se traduzcan en mediciones cuantitativas, por ejemplo, extendiendo la evaluación en una escala graduada que parta del 1: insignificante, 2: débil y ligero, 3: importante y manejable, 4: pesado o difícil, hasta el 5: riesgo de provocar desequilibrio y ruptura. Esto debería permitir a las partes interesadas exponer o expresar sus expectativas a lo largo de cada eje, luego comentar las afirmaciones de los demás grupos y facilitar la comparación de las puntuaciones por grupo una vez consolidadas. Se espera que esta herramienta facilite la negociación, haciéndola lo más realista posible en lugar de terminarla abruptamente. También debería permitir identificar los umbrales críticos y los niveles mínimos. Asi-

---

[94] "Tenemos que preguntar cómo las diversas instituciones policéntricas ayudan o dificultan la capacidad de innovación, el aprendizaje, la adaptación, la confianza, los niveles de cooperación de los participantes y el logro de resultados más eficaces, equitativos y sostenibles a múltiples escalas" (Theo Toonen, 2010).

mismo, constituye una invitación expresa a realizar un análisis más amplio y profundo que uno basado únicamente en costos y beneficios (ACB), aunque sin descartarlo.

El cuadro 1 es una propuesta tentativa y podría adaptarse a las condiciones locales. Podrían añadirse marcadores adicionales para abordar las características específicas de una situación particular. Los académicos podrían aportar ideas detalladas y verificables y comprobar las mediciones. De este modo se podrían identificar con precisión las interacciones con sus ventajas y sus desventajas.

Cuadro 1. Matriz de necesidades de agua de distintos sectores y tipos de usuarios para procesos de negociación, moderación o mediación orientados a una signación equitativa del agua

	Agricultores	Industrias	Hogares	Público	Pescadores	Transportistas
Necesidad total de agua potable. Volumen: Máx., mín., mediana, en km^3/año	Estimado de medición	Medición	Medición	Medición	Medición	Medición
Necesidad total de agua. Volumen máx. mín., mediana, en km^3/año	Estimado de medición	—	Estimado de medición	Medición	Estimado de medición	Medición
Potenciales de control, contención	2	4	2	4	1	1

de consumo y ahorro					
Capacidad de saneaminto	2	4	3	4	2	2
Potencial de reciclaje	2	3	2	4	1	3
Daños por escasez y cortes	4	3	4	3	5	5
Daños por sobreconsumo	4	3	2	4	—	—
Capacidad de anticipar variaciones	2	3	2	4	3	3
Impacto de la contaminación	3	4	2	4	2	3
Capacidad de resistencia o recuperación frente a riesgos y cambios climáticos	2	3	2	3	2	2

El sistema en su conjunto no debe permanecer estático. Es preciso tener en cuenta los cambios ambientales, la transformación contextual de las actividades productivas y del tejido social, así como las relaciones internacionales. También hay que incorporar las lecciones extraídas de las experiencias. Para que un proceso de este tipo tenga éxito, las mejores apuestas son una consulta amplia y una información abierta.

Para evitar cualquier cooptación por parte de intereses creados, la moderación del proceso de consulta/negociación corresponde al mandato de las autoridades gubernamentales, a nivel nacional, regional o local, que deben seguir siendo responsables ante todas las partes interesadas de las decisiones tomadas y aplicadas. Ello da por sentado que dichas autoridades puedan mantener una cierta perspectiva neutral, capaz de resistir o eludir la corrupción y, en consecuencia, llamar a las partes interesadas a soluciones realistas y practicables.

El compromiso de los usuarios y los incentivos son esenciales para la gestión de los recursos comunes. Las lecciones aprendidas en más de cien proyectos de conservación analizados demuestran la importancia de que los usuarios locales encuentren interés en la recolección y venta de algunos productos y/o participen en el diseño y la gestión de dichos proyectos[95].

El economista G. Quentin llega a una conclusión similar: la gestión eficaz de los recursos comunes requiere de la participación activa y la implicación de los usuarios de esos recursos[96]. La convergencia flexible entre las partes interesadas en diferentes niveles es más eficaz para limitar la sobreexplotación y la sobredestrucción de esos recursos comunes y controlar la basura plástica. La ética en la negociación ayuda a superar los inevitables puntos de bloqueo. La clave del éxito es también ir más

---

[95] Brooks, J. S., M. A. Franzen, C. M. Holmes, M. N. Grote y M. B. Mulder (2006), "Testing Hypotheses for the Success of Different Conservation Strategies", *Conservation Biology* 20 (5), pp. 1528-1538.

[96] Grafton, R. Quentin, 2000: 515: "Cada uno de ellos es capaz de prevenir la degradación de los recursos y garantizar el flujo continuo de beneficios a los usuarios de los recursos. Una comparación del conjunto de derechos de los tres regímenes sugiere que un factor común para garantizar el éxito de la gobernanza de los recursos comunes es la participación activa de los usuarios de tales recursos en la gestión del flujo de beneficios de los mismos" (nuestra traducción).

allá de las sanciones, la defensa y las soluciones individuales, desarrollando incentivos económicos para un reparto equitativo[97].

Conviene evitar dos posibles riesgos principales: el primero son los excesos tecnocráticos. En sociedades más bien abiertas y responsables, los tecnócratas pueden caer en la tentación de argumentar que resolver la complejidad de los detalles del sistema requiere sofisticados conocimientos técnicos y corresponde a los expertos. En vez de dilucidar los riesgos y los términos de las alternativas y someter la decisión a los interesados —lo que se espera de ellos—, los tecnócratas podrían tomar la decisión de forma encubierta y llevar la voz cantante. El segundo riesgo potencial reside en las estrategias de corrupción para comprar votos o chantajear a las voces divergentes. Se trata, sobre todo, de cárteles o alianzas oportunistas. Unas decisiones y estrategias antisociales y antieconómicas pueden dar lugar a situaciones que, a la larga, resulten desastrosos.

Un proceso de negociación inclusivo ofrece una sólida oportunidad para mostrar también las responsabilidades de cada usuario y minimizar los casos en los que los daños que conlleva el uso de una de las partes interesadas afectan en gran medida a otras. Ayuda a evitar el juego de la culpa o la acusación unilateral contra una sola parte, incluso la demonización, que llevan a perder la dimensión sistémica.

Aunque una cultura de la información abierta pueda ralentizar el proceso, es sumamente útil tomarse un tiempo y ayudar a anticipar y abordar a tiempo los problemas, como las variaciones estacionales, la calidad, la contaminación, los intereses en conflicto, etc., y luego acelerar la aplicación. El tiempo "perdido" en las fases preparatorias y las negociaciones se compensará sin duda con una aplicación más rápida y sin fricciones. Cualquier enfoque excesivamente burocrático y perfec-

---

[97] En este sentido, el enfoque que propugna Race for Water Odyssey 2015 and 2017-21 es ejemplar —como lo son las nievas modalidades de diseño y producción industrial—: https://www.raceforwater.org/fr/

cionista puede hacer perder mucho tiempo en problemas demasiado sofisticados, incluso puede tender a ocultar los problemas reales y posponer las decisiones. La apertura inclusiva solo es posible cuando se ha creado confianza entre las numerosas partes interesadas y un sentimiento de propiedad y responsabilidad recíproca une a todos.

La dimensión económica es fundamental: el cálculo realista e integral de los costos de las soluciones es esencial para que las partes interesadas se den cuenta de las posibles consecuencias de sus evaluaciones iniciales de las necesidades. No solo para evitar sorpresas desagradables cuando los costos reales superen los presupuestados, sino también para profundizar en las declaraciones de las partes interesadas y desencadenar compromisos de ahorro o mantenimiento de los techos. No hay almuerzo gratis. Aunque el agua pertenezca al mundo natural, su extracción, canalización, filtrado, depuración, reciclaje, mantenimiento, todo ello tiene un costo, como también lo tiene el sobreconsumo. Cualquier negación de esta dimensión económica conlleva una sostenibilidad problemática y socava la equidad.

Ahora bien, al igual que los papeles de las partes interesadas, que son diversos, los planes de financiación pueden ser diversos y diferentes entre sí. Esto forma parte de la consulta o la negociación. Los más eficaces son los sistemas de asociación público-privada y de financiación transversal o colectiva. Incluso los sectores pobres deberían contribuir, si no en efectivo, por ejemplo, en especie a través de trabajos físicos para reducir los costos. Los sectores pobres de la población entienden fácilmente que el agua potable reducirá los costos de los médicos y del tratamiento. De todos modos, suelen pagar un precio elevado a los vendedores de agua y estarían dispuestos a pagar un precio más bajo por un suministro de agua de mejor calidad.

En cualquier caso, la rendición de cuentas es importante y supone que se declaren los respectivos costos incurridos y los compromisos adquiridos. Las decisiones deben tomarse con un conocimiento óptimo de los pros y los contras, tanto hoy como mañana.

Incluso si los sistemas son, sobre el papel, bastante equilibrados, debe prestarse la debida atención a los incentivos incorporados, a los incentivos para la alta calidad, la eficiencia y la eficacia, y al tipo de sanciones para los malos resultados. Se podría recurrir a la supervisión recíproca y a las revisiones por pares para mejorar los sistemas sin culpar a nadie y aprender de las mejores prácticas. El llamado Índice de Desempeño de Agua, Saneamiento e Higiene (WASH, por *Water, Sanitation and Hygiene Performance Index* en inglés), que se centra en el acceso y la equidad del agua, así como en el saneamiento, podría proporcionar una base sólida y significativa para dicho seguimiento de la implementación.

En esa medida, las recientes declaraciones sobre la gobernanza del agua presentadas por la OCDE en sus Principios sobre la Gobernanza del Agua emitidos en 2015 y, más recientemente, la Iniciativa para la Gobernanza del Agua, emitida en marzo de 2018, —visualizada y resumida a través de la figura que se presenta a continuación— resultarían significativas: la ética está, aunque silenciosamente, operando como base de sustentación. Se puede percibir también un cambio de paradigma:

Los principios se agrupan en torno a tres dimensiones principales:

1. La eficacia de la gobernanza del agua se refiere a la contribución de la gobernanza a la definición de objetivos y metas de una política del agua claros y sostenibles en los diferentes niveles de gobierno, a la aplicación de esos objetivos políticos y al cumplimiento de los objetivos o metas previstos.

2. La eficiencia de la gobernanza del agua remite a la contribución de la gobernanza para maximizar los beneficios de la gestión sostenible del agua y del bienestar con el menor costo para la sociedad.

3.   La confianza y el compromiso en la gobernanza del agua se refieren a la contribución de la gobernanza a la construcción de la confianza pública y a la garantía de la inclusión de los actores inolucrados a través de una legitimidad democrática y de equidad para la sociedad en general.

El enfoque desarrollado aquí, que se centra en gran medida en la confianza y el compromiso de los múltiples actores, así como en las compensaciones y las convergencias, mantiene una capacidad de adaptación dinámica, así como un proceso de aprendizaje a partir de la aplicación.

La prueba de un cambio de paradigma[98] viene dada por las experiencias en plena evolución realizadas por las plataformas internacionales implicadas en el sector del agua (PNUMA, UICN, IISD, Water Supply and Sanitation Collaborative Council, Water Integrity Network, etc.), así como por parlamentarios, jueces, empresas privadas y compañías multinacionales.

Las mejoras registradas gracias a la dinámica de los Objetivos de Desarrollo Sostenible (ODD) de 2015, concretamente el objetivo 6, el Foro Mundial del Agua (World Water Forum) y el movimiento de transición hablan por sí solas: está surgiendo un nuevo paradigma. La confrontación ha cedido su lugar al compromiso mutuo y a la práctica de compartir.

---

[98] Miembros de plataformas mundiales del sector como World Future Energy Summit / Water; véase también Deloitte, 2016, *Water Tight 2.0 Top Trends in the global Water Sector*; Global Water Intelligence Global Water Market 2017; Water Online, 2017, *Seven Keys to One Water*. La multinacional Nestlé hace honor a las mismas. Aunque empezó negando tajantemente cualquier derecho humano al agua potable y la consideración de las comunidades locales que sufren la fuerte extracción de la capa freática, Nestlé parece desear hoy alguna negociación con las comunidades locales y reconocer algún tipo de expectativas justificadas por su parte. La filtración de agua para las comunidades circundantes ha comenzado en 2014, en la provincia pakistaní de Punjab (Bhati Dilwan).

Posdata: Vales, una solución para los pobres

Debería asegurarse un mínimo de agua potable para todos, y todos —también los pobres— deberían contribuir a ese acceso. Una solución óptima que refleje la responsabilidad y la solidaridad podría incluir una combinación de contribución de trabajo y un sistema de vales. La contribución de trabajo podría venir a través del trabajo físico, cavar, rellenar, pavimentar, limpiar, etc. Los vales, en la medida en que estén vinculados a individuos u hogares pobres identificados y debidamente autentificados, deberían descartar el comercio de derechos de agua o la venta de derechos. El reconocimiento biométrico puede resultar bastante eficaz y sencillo. En la India, los beneficiarios de los vales tienen una especie de tarjetas de crédito que deberían coincidir con la identificación de las pupilas del iris o de las huellas digitales. En este caso, la mejor protección contra el uso indebido es la propia comunidad en el nivel local y microeconómico, así como la fiabilidad de los encargados de resguardar el agua. Por supuesto, la venta de vales a cambio de apoyos electorales debería, ser rastreable. En Singapur, los vales son entregados a las familias pobres por un departamento distinto del que emite la factura por el volumen de agua utilizado. De este modo, se respeta el principio de pago, pero el cargo es casi nulo.

Referencias

Dinar, Ariel y Kurt Schwabe 2015 *Handbook of Water Economics*. Cheltenham UK/Northampton MA USA: Edward Elgar, 9ª ed.

Griffin, Ronald C. 2018 *Water Resource Economics. The Analysis of Scarcity, Policies and Projects*. Cambridge MA/London: The MIT Press, 2ª ed.

Groenfeldt, David y Jeremy Schmidt 2013 "Ethics and water governance". *Ecology and Society* 18, núm. 1.

Habermas, Jürgen 1991 *Discourse Ethics. Notes on a Program of Philosophical Justification*, [trad. del alemán *Erläuterungen zur Diskursethik*. Frankfurt am Main: Suhrkamp, 1983]

OECD 2018 *Implementing the OECD Principles on Water Governance: Indicator Framework and Evolving Practices*. Paris: OECD Studies on Water, OECD Publishing. Disponible en: https://doi.org/10.1787/ 9789264292659-en.

Pahl-Wostl, Claudia, Joyeeta Gupta y Daniel Petry 2008 "Governance and the global water system: a theoretical exploration". *Global Governance* 14: 419-435.

Toonen, Theo 2010 "Resilience in Public Administration: The Work of Elinor and Vincent Ostrom from a Public Administration Perspective". *Public Administration Review* 70 (2): 193-202.

UN 2019 *The United Nations world water development report 2019: leaving no one behind* UNESCO Water Portal http://www.unesco.org/water

UNESCO IHE Delft Institute for Water Education: https://www.un-ihe.org/institute/water-management-governance

UNC Water Institute: http://waterinstitute.unc.edu/wash-performance-index-report/aterinstitute.unc.edu/files/2015/04/collage-989.jpg

Vörösmarty, C. J., A. Y. Hoekstra, S. E. Bunn, D. Conway y J. Gupta 2015 "What Scale for Water Governance". *Science* 349, núm. 6247: 478-479.

23

SISTEMAS DE AGUA EN BIRMANIA, LAOS Y CAMBOYA DESARROLLADOS POR CHILD'S DREAM

Marc Thomas Jenni y Daniel Marco Siegfried

Vista panorámica

La escasez crónica de agua dulce y la contaminación son algunos de los retos predominantes en las aldeas menos desarrolladas y remotas de Birmania, Laos y Camboya, y plantean graves problemas para la salud de niños y adultos[99]. Muchas escuelas de estas aldeas rurales tienen una

---

[99] Marc Thomas Jenni, banquero certificado suizo y MBA por la Swiss Banking School de Zúrich. Al dejar el Banco UBS en 2003, al cabo de veinte años, fundó la Child's Dream Foundation junto con Daniel Siegfried. Mientras trabajaba en Hong Kong y Singapur, Marc tuvo el privilegio de conocer a muchas personas adineradas que estaban dispuestas a apoyar económicamente y a ofrecer su tiempo para proyectos benéficos en la región. Esto le inspiró para contribuir a marcar la diferencia para los menos favorecidos.
Daniel Marco Siegfried es cofundador y director de la Child's Dream Foundation. Es analista financiero colegiado (CFA) y licenciado por la Zurich Business School. Trabajó durante nueve años en UBS en Zúrich, Hong Kong, Seúl y Singapur. Durante esos años viajó mucho por la región, visitando muchas organizaciones benéficas y conociendo a muchos grupos desfavorecidos, entre ellos los niños. Estos fueron los que más lo impactaron y los que lo inspiraron a intensificar su participación en obras de caridad.

alta prevalencia de enfermedades relacionadas con el suministro inadecuado de agua, el saneamiento y la higiene, además de que la desnutrición infantil y otros problemas de salud subyacentes son frecuentes. Estos problemas de salud son prevenibles, pero, si no se abordan, pueden interrumpir la asistencia de los alumnos a la escuela. El generoso apoyo financiero de nuestros donantes ha facilitado nuestro trabajo pragmático y de rápido impacto para contribuir al suministro de agua para el consumo seguro y al saneamiento de las comunidades afectadas por la pobreza.

Desafíos del agua

En Birmania

Las deficientes infraestructuras de las zonas remotas de Birmania hacen que más del 33% de la población esté expuesta a agua potable insalubre (OMS, 2015). Nuestros esfuerzos contribuyen a aportar algunas soluciones, como los medios para cosechar agua de la lluvia, además de sistemas eficaces de extracción y almacenamiento de agua de manantiales y acuíferos naturales.

En Laos

Las zonas rurales de Laos también sufren enfermedades potencialmente mortales entre los niños y los adultos debido a la mala gestión del agua y el saneamiento, la falta de concientización sobre la seguridad del agua y la higiene y la práctica común de la defecación al aire libre. Son frecuentes las complicaciones de salud y nutrición, como la diarrea, el retraso en el crecimiento y la insuficiencia ponderal (ONU, 2017). Las mujeres y las niñas siguen recogiendo agua de ríos y lagos distantes, una tarea extenuante y peligrosa.

En Camboya

l suministro de fuentes sostenibles de agua sigue siendo un reto fundamental en las zonas remotas de Camboya debido a la frecuencia de estaciones secas y sequías. La calidad del agua es deficiente y la higiene escasa. Estos problemas de larga data hacen que muchos niños de las zonas rurales sufran las graves consecuencias de la diarrea, enfermedades respiratorias, enfermedades de la piel y otras infecciones transmitidas por el agua. La mala gestión de los sistemas de agua provoca unas 10.000 muertes al año (UNICEF, 2015).

Implementación

En respuesta a estas necesidades urgentes, hemos apoyado a varias escuelas públicas en la construcción de sistemas de abastecimiento y almacenamiento de agua, como pozos protegidos, bombas eléctricas y tuberías conectadas a manantiales naturales y otras fuentes de agua subterránea, proporcionando agua limpia y accesible a escuelas y comunidades enteras.

Los estudiantes, profesores y miembros de la comunidad pueden utilizar el agua para beber o para la higiene personal y el saneamiento.

Proceso

- Se contrata a un capataz local y profesional para los trabajos de construcción.
- La construcción de un sistema de almacenamiento de agua (tanque de hormigón, depósito, etc.) suele tardar entre tres y cuatro semanas en completarse, y aproximadamente tres meses para un sistema de suministro de agua (quiosco de agua, sistema de bomba eléctrica y tuberías, etc.).
- Se procederá a la retención del 5% del costo total durante seis meses como garantía para la obra.

- Los responsables de la escuela y los miembros de la comunidad se encargarán de la limpieza periódica y de los costos de mantenimiento de los depósitos de agua una vez terminados.

Supervisión

Durante la fase de construcción, nuestro equipo realiza visitas periódicas a las instalaciones para supervisar el progreso de las obras y garantizar el cumplimiento de nuestros estándares de alta calidad.

Una vez terminadas las obras, nuestro equipo vuelve periódicamente a las instalaciones para evaluar el uso adecuado y la eficacia de los depósitos de agua.

Lo que se ha podido conseguir

- Garantizar que la escuela y la comunidad local tengan un acceso fiable a agua limpia y segura para el consumo, el saneamiento y la higiene.
- La mejora de la fuente de agua potable conduce a una disminución de infecciones, enfermedades y epidemias transmitidas por el agua.
- Las instrucciones y la formación sobre el uso y el mantenimiento dan lugar a una gestión eficaz del agua y el saneamiento.
- Los proyectos también refuerzan la comprensión y la participación de la comunidad local en la mejora de la gestión del agua y el saneamiento.
- Proporcionar niveles adecuados de suministro de agua, saneamiento e higiene puede garantizar mejores oportunidades educativas y mejorar los índices de éxito de los estudiantes, el nivel de vida y la seguridad alimentaria de los niños y sus familias.

24

PARLAMENTOS JUVENILES PARA EL AGUA, UN PROGRAMA DE SOLIDARIDAD AGUA EUROPA

† Victor Ruffy

La ONG Solidarité Eau Europe (SEE) o Solidarity Water Europe (SWE) (también Solidaridad Agua Europa) fue creada en Estrasburgo en 1998, por iniciativa de la Secretaría Internacional del Agua con sede en Montreal y el Consejo de Europa[100].

Su documento fundacional, la Declaración de Estrasburgo, enumera cinco grandes retos a los que intenta responder:

- reconocer el carácter democrático del agua,
- proteger mejor los entornos acuáticos,
- diseñar servicios de agua para una economía justa,
- considerar el agua como un factor en la planificación del ordenamiento del territorio,
- hacer del agua una materia de la enseñanza.

---

[100] Victor Ruffy, hoy desaparecido, era geógrafo de formación y fue director adjunto del Departamento de Ordenamiento del Territorio del cantón de Vaud, Suiza. Ocupó diversos cargos políticos en los niveles comunal, cantonal, nacional y europeo. Fue vicepresidente de la Comisión de Medio Ambiente, Ordenamiento del Territorio y Autoridades Locales del Consejo de Europa. Fue miembro de Solidarité Eau Europe, una ONG con sede en Estrasburgo.

Los Parlamentos Juveniles para el Agua, un programa específico de la SEE, busca por este medio abordar tres de estos desafíos en particular. El agua del grifo puede proceder de un manantial, pero sigue necesitando una infraestructura, e incluso todo un sistema de distribución.

¿Qué tipo de servicio es este? ¿Quién lo proporciona y cómo lo hace?

¿Qué lógica guía la creación de las entidades responsables de la distribución del agua y del saneamiento? ¿Qué principios rigen el desarrollo, la asignación y el precio del agua?

Estas indagaciones nos ayudan a saber cómo participan los usuarios en la gestión de este patrimonio compartido del agua, y si cada persona tiene suficiente acceso a ella para satisfacer sus necesidades primarias.

A escala europea, se necesita una visión general preliminar de la distribución y el desarrollo del recurso en todo el continente en función de las regiones climáticas; luego se puede centrar la atención en el país o la región donde sesiona el Parlamento.

Cada país tiene sus propios problemas; en consecuencia, cada Parlamento tiene su propio tema y busca socios adecuados entre las autoridades públicas, las agencias del agua, las agencias de cooperación y las empresas privadas especializadas en la gestión del agua.

En el caso de Suiza, conocida como la torre del agua de Europa, esto tomó la forma de solidaridad río arriba y río abajo en ciudades como Morges, Bellinzona, Samedan y Chur; en el caso de Moldavia, se centró en el acceso al agua potable y el saneamiento en las zonas rurales de Chisinau, Vadul lui Voda y Vorniceni; en el caso de Rusia, se hizo hincapié en los tesoros de los ríos en Nizhny Novgorod; y en el caso de los Países Bajos, en el desafío del agua y el cambio climático a lo largo del Rin en Gelderland.

Cuando nos centramos en los jóvenes, apostamos por la energía, el poder de la imaginación y la voluntad de compromiso.

Para motivar a los jóvenes, los responsables de la SEE exigen a los miembros de cada delegación inscrita que preparen una presentación sobre el tema seleccionado, que luego exponen y defienden en la sesión plenaria. Una vez juramentados, los parlamentarios asisten a presentaciones de especialistas, participan en talleres con visitas sobre el terreno y debates con los usuarios, inician el debate con las autoridades políticas locales y regionales, y redactan una declaración final que el presidente del Parlamento presenta a las autoridades locales, regionales y, ocasionalmente, nacionales.

Los Parlamentos van acompañados de concursos de fotografía y vídeo y siempre incluyen veladas interculturales.

Es difícil hacer un balance sobre los efectos de estos eventos, pero en Moldavia la incorporación gradual de instalaciones de abastecimiento de agua y saneamiento a los colegios de secundaria, el programa de concientización pública y la campaña de "solidaridad urbano-rural" del Ministerio de Medio Ambiente deben considerarse resultados positivos.

El Parlamento que sesionó en Rusia permitió aprovechar la valentía de la sociedad civil y el compromiso de algunas autoridades que se esforzaron por hacer escuchar su defensa de una política medioambiental que había caído en desgracia en un sistema nacional hipercentralizado.

PERSPECTIVAS Y CONCEPTOS ÉTICOS EN UN MUNDO GLOBALIZADO

25

EL AGUA COMO UN DERECHO HUMANO, EL AGUA COMO UN BIEN PÚBLICO, EL AGUA COMO UN BIEN ECONÓMICO

Evelyne Fiechter-Widemann

Introducción: Justicia para el agua

El objetivo principal de este coloquio es plantear la cuestión de la *justicia para el agua* —es decir, su distribución equitativa en un mundo globalizado— en los inicios del siglo XXI[101].

Mientras todos los habitantes de la Tierra tenían que bajar al río para saciar su sed y lavarse, esa cuestión nunca se planteó. La situación ha cambiado tras las revoluciones industrial e hidráulica: la relación de la humanidad con el agua se ha transformado radicalmente.

Los conceptos de la diversidad y de la gestión múltiple del agua

El agua es escurridiza en su diversidad. Se utiliza para muchas cosas, por ejemplo, como fuente de energía o para la navegación. Sin embargo, no estamos hablando de este tipo de agua, sino del agua como recurso necesario para la vida, la higiene, el riego, la industria y nuestras necesidades de lujo (piscinas, por ejemplo).

---

[101] Véase la sección "Las y los autores" al final del libro.

Hace mucho tiempo, los romanos ya pensaban en la complejidad del marco jurídico necesario para garantizar que el agua se distribuyera de forma inteligente. Consideraban que el agua corriente era un bien común, mientras que las aguas subterráneas eran privadas, con derechos de *usus*, *fructus* y *abusus*.

En nuestros días, dados los retos que afrontamos debido a la sobreexplotación de los recursos en general y del agua en particular, se están reexaminando los marcos jurídicos adoptados por los gobiernos hasta la fecha y se están proponiendo nuevos conceptos. En concreto, en 1992, quinientos expertos de la Organización Meteorológica Mundial (OMM) reunidos en Dublín para preparar la Conferencia de Río sobre el Desarrollo Sostenible adoptaron un nuevo principio: el del agua como bien económico. Haciéndose eco de este concepto, el del agua como derecho humano fue desarrollado y adoptado por la Asamblea General de la ONU en julio de 2010. He sabido que, fuera del contexto de la ONU, las iglesias de Brasil y Suiza también emitieron en 2005 una declaración sobre el agua como derecho humano y bien público.

En mi opinión, estas tensiones entre las propias instituciones de la ONU y la sociedad civil respecto a sus conceptos enfrentados sobre el agua merecen nuestra atención. En efecto, las posiciones adoptadas repercuten en las decisiones de muchos actores o *stakeholders*, como decimos hoy en día, es decir, gobiernos, empresas y sociedad civil. Algunos lamentan las posiciones contradictorias de los partidarios del derecho al agua y de los defensores del agua como bien económico. El resultado de estas obstrucciones en el plano de los debates teóricos es que hacen esperar aún más a los principales interesados, los que tienen sed.

¿No hay alguna manera de encontrar un término medio que englobe las posiciones de ambas partes?

Examinemos estos tres conceptos:

El agua como bien económico, con la cuestión vinculada de su valor y su precio

En el momento en que un bien empieza a escasear, la teoría económica entra en escena.

Tal fue la premisa de los autores de la Declaración de Dublín de 1992 cuando otorgaron al agua un valor económico. Algunos autores no dudan en calificar de verdaderamente revolucionario el concepto propuesto para el agua en Dublín, ya que hasta entonces el agua se consideraba un bien libre y casi gratuito, como el aire. También se consideraba un bien de poco valor, como recuerda la famosa paradoja del agua y el diamante que Adam Smith plantea en *La riqueza de las naciones*: a pesar de su utilidad, el agua tiene poco valor de cambio, mientras que un diamante, poco útil, tiene un alto valor de cambio. El objetivo del concepto de Dublín era luchar contra el despilfarro, especialmente en la agricultura.

¿Qué impacto tuvo, o podría tener, este nuevo concepto sobre el agua? Responderé con tres puntos.

- El primero es el ejemplo del mar de Aral, en riesgo de secarse. Si el agua tuviera un valor, quizá se replantearía el riego de los campos de algodón, que requieren demasiada agua, y se adoptarían mejores prácticas de gestión del agua.
- El impacto sobre el régimen de propiedad es seguro: esta noción legitima al sector privado.
- En cuanto a su impacto político y psicológico, este nuevo concepto podría polarizar un mundo globalizado, con la preocupación de que las reglas del mercado no tengan en cuenta el significado social, medioambiental, espiritual y cultural del agua.

Este punto es importante, y para evitar esta polarización, podría ser útil distinguir entre un *bien económico* y un *bien de mercado*, conceptos que se confunden a menudo.

Efectivamente, el agua no obedece al principio de la oferta y la demanda de la misma manera en que lo hace, por ejemplo, el petróleo, y no es un bien de mercado. En mi opinión, la noción más amplia de *bien económico* permite tener en cuenta una serie de factores además del precio.

El agua como derecho humano

Esto se ha convertido en una expresión consagrada, casi tallada en piedra. Pero ¿cuál es su alcance y cuáles son las expectativas de una persona que tiene sed?

Podemos considerarlo con un ejemplo: en virtud del derecho humano al agua, ¿podría un beduino del desierto exigir que se construyan tuberías para poder beneficiarse del mismo acceso al agua que tenemos nosotros? Primero daré una respuesta jurídica y luego una ética.

Como derecho humano, el agua es lo que se conoce como una libertad positiva, en contraste con una libertad negativa como la prohibición de la tortura.

Esta obligación positiva implica el deber de ayudar. Pero, ¿ayudar a quién? ¿A quién se le impone la obligación? Podemos ver inmediatamente el dilema y la respuesta: es imposible determinar tanto quién está obligado como quién debe ser ayudado. Los gobiernos lo han entendido claramente y han emitido simples declaraciones sin fuerza legal alguna. Nos encontramos ante una prerrogativa que crea una esperanza pero que no es exigible, al menos hasta que se consagre en una constitución —como, dicho sea de paso, sucede en Sudáfrica, que es pionera en la materia—. En otras palabras, en un juicio, un tribunal no fallará a favor del beduino y no ordenará la construcción de acueductos ni tuberías en el desierto.

Entonces, ¿es este concepto de derecho humano al agua completamente inútil?

No, porque plantea una cuestión ética. El agua y su desigual distribución en la Tierra crean un profundo sentimiento de injusticia. ¿Por qué tenemos aquí agua suficiente y de calidad, mientras que en algunos países los hombres y las mujeres no tienen un mínimo decente que les permita vivir con dignidad? ¿Se puede decir entonces que, si el gobierno nos garantiza aquí el nivel básico mínimo de "seguridad del agua", debería preocuparse por esta injusticia?

Ahora estamos entrando en cuestiones filosóficas, y me gustaría mencionar el debate filosófico actual que saca a la luz una preocupación por la justicia social a nivel mundial.

La cuestión que se plantean los teóricos de la justicia es si los principios de justicia que se aplican dentro de las fronteras de un país o región, como Europa, pueden adaptarse para su aplicación en todo el mundo. En otras palabras, ¿pueden considerarse universales los criterios de justicia distributiva del mundo occidental?

Existen al menos dos teorías contrapuestas, una defendida por John Rawls y David Miller; la otra, por Philippe van Parijs. La primera considera que el contexto cultural y las características individuales de cada comunidad —como los valores, los lazos de solidaridad, las costumbres, la lengua y la religión— conforman los criterios de justicia, y su alcance no puede ser universal. Por el contrario, para van Parijs, la globalización ha borrado las fronteras y se puede hablar de una comunidad global a la que se pueden aplicar los criterios de justicia distributiva, aunque dichos criterios deben ser aclarados para el contexto del mundo globalizado.

Pero esta diferencia no sitúa a Rawls y a Miller directamente en el campo de los indiferentes a la suerte de los más desposeídos. Tampoco sitúa a van Parijs entre los que sienten empatía con los países cuya población sufre la pobreza. Por el contrario, los primeros hablan de un deber que incumbe a las sociedades liberales —que Rawls califica de "decentes" (es decir, aquellas que reconocen los principios internacionales de la razón pública)— de prestar ayuda de emergencia a las sociedades cuyo sistema socioeconómico les impide proporcionar a sus miembros el mínimo decente. David Miller considera incluso que los países ricos tienen la obligación de intervenir para garantizar la satisfacción de las necesidades mínimas de los países pobres. Sin embargo, esa ayuda no puede ser sino complementaria, en la medida en que los gobiernos de los países pobres habrán hecho todo lo posible por mejorar la suerte de aquellos que están a su cargo. Solo se debe actuar en casos puntuales en los que la desgracia los persiga encarnizadamente.

Algunos se preguntan si tales posiciones no son más una cuestión de caridad que de justicia.

El profesor François Dermange considera que el debate sobre la justicia global ha llegado a un callejón sin salida, pero que las ideas de Adam Smith sobre la división del trabajo como clave del sistema económico, expuestas en *La riqueza de las naciones*, podrían ofrecer una salida. Aunque esta teoría se remonta al siglo XVIII, sigue siendo muy relevante hoy en día en el sentido de que es un recordatorio enfático de la capacidad de los seres humanos para interactuar según sus habilidades.

En el famoso ejemplo de Smith del filósofo y el cargador callejero, ambos tienen un papel que desempeñar en un espíritu de reciprocidad. Así, el filósofo de la "Ilustración escocesa" no está tan alejado de las *capacidades* de Amartya Sen, quien considera que es importante fomentar el desarrollo de las posibilidades de cada uno, independientemente de quién sea o del país en el que viva.

El agua como bien público frente al agua como bien privado

La clasificación del agua como bien público o privado, es decir, su régimen de propiedad, es de interés para la cuestión del suministro de agua. La teoría oficial de los bienes públicos, propuesta por primera vez en 1954 por Samuelson, sostiene que un bien público tiene tres características:

- no es divisible,
- la insolvencia no excluye su uso,
- no hay rivalidad en su adquisición.

El ejemplo típico es el aire. En cambio, un bien privado es divisible, su uso por parte de los insolventes queda excluido y su adquisición está sujeta a la rivalidad. ¿Cuál es el caso del agua, que es lo que nos interesa aquí?

Como dije al principio de mi intervención, el agua es escurridiza en su diversidad. Si es abundante y limpia, no hay rivalidad ni exclusión, y es un bien público. Pero si es escasa o está contaminada, entran en juego los criterios de un bien privado.

¿Debemos concluir de esto que deberíamos rechazar las posiciones tanto de los partidarios del derecho al agua como de los que consideran el agua un bien económico?

Yo respondería que hay que sopesar los intereses y encontrar un equilibrio para ir más allá de la polémica. Hay dos conceptos posibles: el de bien público imperfecto y el de bien común.

Los economistas proponen el concepto de bien público imperfecto para los bienes que satisfacen los criterios de un bien privado pero que tienen además una importancia política, social y humana. Este es el caso del agua.

Este concepto fue probablemente el centro de los acalorados debates en Suiza antes de que este país optara por el sector público en todos los cantones, excepto en Zug. En el ámbito internacional, hay que señalar que la mayoría de los países han adoptado el enfoque público, con algunas excepciones como Gran Bretaña y Chile.

Por su parte, el concepto de bien común se ilustra muy bien con dos ejemplos, los antiguos canales o *bisses* en Suiza y el sistema similar de los *aflaj* en Omán. La ventaja de un bien común es que permite una gestión compartida y la preservación de los intereses mutuos. Estos intereses compartidos servirían de base para una política de precios ética que tendría en cuenta los costos sociales, medioambientales y de investigación y desarrollo, así como los riesgos de inversión y de accidente.

En mi opinión, son las circunstancias locales, incluidos los factores geográficos y sobre todo políticos y sociológicos, los que definirán cuál será el concepto más conveniente. El suministro de agua requiere una inversión financiera considerable, cuya gestión puede ser pública en el caso de un Estado fuerte y donde rija el Estado de derecho.

En cambio, en los casos en los que el Estado sea débil, la gestión privada o comunitaria podría ser la opción más acertada, con la aclaración de que dicha gestión no es posible a menos que exista realmente una comunidad digna de ese nombre.

Conclusión

Este es mi punto de vista sobre la articulación de estos tres conceptos: el agua como derecho humano, como bien económico o como bien público.

1. El agua como derecho humano es apropiado cuando se aplica a la cantidad de agua necesaria para la supervivencia.
2. Con respecto a la cantidad de agua necesaria para la higiene y la salud, el concepto de agua como bien público es apropiado en un país con un Estado fuerte y capaz de mantener la infraestructura necesaria.

3. Caracterizar el agua como un bien económico podría orientar las regulaciones destinadas a limitar el despilfarro, especialmente en la agricultura.

4. Para el consumo suntuario, sin embargo, no hay razón para no aplicar las reglas del mercado.

En suma, creo que los conceptos deben esencialmente iluminar y no dividir.

26

SOBRE COMUNES, BIENES COMUNES Y RECURSOS COMUNES

Benoît Girardin

Recursos comunes o "comunes"

Los territorios o los recursos —como una cuenca hidrográfica que hay que mantener irrigada, un pastizal o bosques que es preciso mantener, manantiales que se deben asegurar y preservar[102]— pertenecen a los bienes comunes o de uso común, conocidos como "comunes" [103]. Los comunes se diferencian de los recursos de libre acceso en que deben ser utilizados de forma "razonable" y "equitativa", mientras que el uso de los recursos de libre acceso es libre y sin limitación establecida alguna. Elinor Ostrom, galardonada con el Premio Nobel de Economía en 2009 por su trabajo sobre la economía de los comunes, demostró a partir de los casos de los bosques de Suiza y el suroeste de Alemania, las praderas de Mongolia y la pesca de la langosta en Maine, que la gobernanza de los comunes gestionados por las comunidades, y que por tanto no se

---

[102] Véase la sección "Las y los autores" al final del libro.

[103] Véanse algunas obras de Elinor Ostrom recogidas en las referencias bibliográficas. El empresario y periodista económico estadounidense Peter Barnes, en su análisis de la gobernanza económica de los bienes comunes, intentó mercantilizar el cielo como recurso común (*Sky Trust*). Véase también la plataforma commons: https://commonsplatform.org/

consideran como propiedad en sentido estricto, podría ser mejor y más eficiente. El concepto de responsabilidad no surge de la propiedad, de un intercambio de bienes o de un linaje, sino de una responsabilidad colectiva y duradera, que se asemeja más al concepto de intendencia o "mayordomía"[104]. La responsabilidad se refiere a un "uso razonable" que proteja el futuro del recurso.

Es cierto que estos modelos tradicionales de gestión se remontan a un mundo predominantemente rural en el que los recursos comunes se compartían dentro de comunidades territoriales bastante limitadas para garantizar su supervivencia. El territorio o el recurso en cuestión eran gobernados y controlados por autoridades comunitarias locales o por asociaciones de usuarios, y no por una autoridad central distante. Sin embargo, en el caso de los bienes comunes, la sobreexplotación es difícil de controlar y lo es aún más respecto de los recursos de libre acceso, debido a la ausencia de directrices de gestión y de una autoridad respetada. El economista especializado en la problemática del agua Ronald C. Griffin no nos anima a adoptar el término popular de "tragedia de los comunes" para describir esa dificultad. La principal tragedia se refiere, de hecho, a la gobernanza del recurso de "libre acceso"[105].

En lo que respecta a la contaminación de los océanos por plásticos, que se extiende mucho más allá de los límites de las aguas territoriales o nacionales, esas zonas marítimas parecen estar fuera del alcance de las comunidades y pueden percibirse como casi abstractas. La gobernanza común o la responsabilidad común de algo que está mucho más allá de un ámbito común se presentan como un reto formidable. ¿Hasta qué punto podría establecerse una responsabilidad común y aplicarse algún tipo de obligatoriedad de cumplimiento?

---

[104] El término proviene del inglés antiguo *steward*, guardián de la casa, ama de llaves. En su libro *Pie in the Sky* (2000), Peter Barnes lo describe como un marco para la delimitación y el reparto de beneficios, rendimientos y dividendos.
[105] Griffin 2018: 140.

Por lo tanto, los instrumentos de gobernanza de los bienes comunes deben ser fundamentalmente reformulados. En particular, es preciso volver a articular la gobernanza ética de los comunes: ¿Quién es el responsable? ¿Cómo se delimita y refuerza la rendición de cuentas? ¿Rendir cuentas a quién? ¿A través de qué incentivos? ¿Por parte de qué autoridad de control? ¿A través de qué mecanismo de verificación y control?

El ejemplo usual del conocimiento compartido y los comunes digitales, como Wikipedia, podría ser una fuente de inspiración: no es propiedad de una empresa ni de un particular, sino de una comunidad no comercial de colaboradores que establecen normas de calidad específicas, especificando criterios aceptables y reconocibles. La propaganda o la difamación, así como las deficiencias metodológicas, se señalan y esta verificación procede según los criterios establecidos, que son aceptados por los usuarios. La aplicación de las normas se realiza mediante el principio de "señalar y avergonzar"; en el peor de los casos, los contribuyentes pueden ser identificados, incluidos en una lista y luego excluidos y penalizados.

Sin embargo, la gestión de las zonas territoriales y los recursos libres podría requerir normas más estrictas. En efecto, están expuestos a capturas irracionales, robos, destrozos y a una subversión que podría comprometer cualquier futuro.

Se ha explorado un marco impuesto por los convenios internacionales —véase el análisis de Daniela Diz en el capítulo 21 de este volumen—. El ejemplo más cercano es el Tratado Antártico de 1961, complementado en 1980 (1982) por una Convención sobre la Conservación de los Recursos Vivos Marinos Antárticos (CCAMLR), y luego por un Protocolo sobre la Protección del Medio Ambiente suscrito en 1991 y puesto en vigor desde 1998. Este sistema institucional triangular para el océano Antártico —el Sistema del Tratado Antártico— es un acuerdo original con respecto a las organizaciones regionales de gestión de la pesca[106]. En octubre de 2016, se dio un paso importante con un tratado redactado y negociado bajo los auspicios de la Comisión para la Conservación de los Recursos Vivos Marinos Antárticos que define una zona de exclusión de pesca[107] en el mar de Ross, que abarca 1,1 millones de km^2.

¿Hasta qué punto puede considerarse eficaz un acuerdo de este tipo para la gestión de la biodiversidad en los comunes, dado que ninguna población habita en la Antártida y que solo se aventuran en ella los pescadores? Así, las partes contratantes pueden llegar a un acuerdo sin tener que considerar las necesidades de los residentes o usuarios habituales y sin poder exigir su compromiso. En el caso de la contaminación por plásticos de los océanos, las comunidades están presentes de forma activa: residentes, usuarios e incluso contaminadores, aunque sea en gran medida de manera informal. Deben participar en la contención de los residuos aguas arriba y en la recogida de los residuos aguas abajo. Sin incentivos que premien esa contención y recogida, la solución seguirá siendo opcional, llevada a cabo por asociaciones, empresas o Estados voluntarios. Hasta ahora, las soluciones de carácter voluntario han demostrado ser incapaces de abordar soluciones de largo plazo, como en los ejemplos de gestión de las cuencas del Mekong o del Danubio[108].

---

[106] El Tratado suscrito por 49 países hace de la Antártida (tierra y hielo) una zona desmilitarizada, declara que su soberanía no puede ser cuestionada y prohíbe el vertido de residuos radiactivos (art. 5); establece un Programa de Vigilancia del Ecosistema (CEMP).

[107] El artículo 5 de la Convención sobre la Conservación de los Recursos Vivos Marinos Antárticos (CCRVMA) especifica una obligación con respecto a la protección y preservación del medio ambiente antártico.

[108] La Comisión del Río Mekong (1995) y la Comisión Internacional para la Protección del Río Danubio (1994) gestionan la calidad y la contaminación del agua, así como cuestiones de cantidad, distribución, transporte y pesca. La crisis se refiere a la contaminación por mercurio en el Danubio, en segmentos territoriales muy limitados.

Incluso si las conclusiones de Elinor Ostrom sobre la comunicación fluida y eficaz entre los usuarios se verifican y exigen un aumento de la ética por parte de estos últimos[109] se puede constatar la necesidad de incentivos y reglas establecidas y aplicadas por los Estados o grupos de Estados.

En términos éticos, el reto tiene que ver con el énfasis asignado a la responsabilidad. El principio de que quien contamina paga es difícil de aplicar porque aquí el contaminador está disperso, es discreto, anónimo y no tiene rostro definido. La solución más realista y responsable es fomentar la recogida y clasificación de la basura en las fases previas, así como el reciclaje, para organizar una actividad rentable y generadora de empleo, con ingresos procedentes de una combinación de multas, contribuciones gratuitas de las autoridades locales o asociaciones empresariales y gobiernos, así como de la venta de productos reciclados. De este modo, se podrían identificar y controlar mejor las responsabilidades. En este sentido, la política de Ruanda, una verdadera solución en la que todos salen ganando, podría inspirar a otros[110]. También podría llevarse a cabo un esquema de *"blame and shame"* (señalar y avergonzar), basado en la comunicación, la responsabilidad social y el riesgo para la imagen pública.

---

[109] Ostrom (2010), p. 1. "El simple hecho de permitir la comunicación, o la conversación barata, permite a los participantes reducir la sobreexplotación y aumentar las compensaciones conjuntas, en contra de las predicciones de la teoría de los juegos. Grandes estudios sobre los sistemas de riego en Nepal y los bosques de todo el mundo ponen en duda la presunción de que los gobiernos siempre hacen un mejor trabajo que los usuarios a la hora de organizar y proteger recursos importantes".

[110] En 2008, Ruanda prohibió las bolsas de plástico, controla una pequeña producción local de bolsas biodegradables y patrocina procesos de separación y recliclado que crean puestos de trabajo. Consúltese https://www.governing.com/topics/transportation-infrastructure/gov-rwanda-plastic-bag-ban.html

Las autoridades estatales o regionales podrían acordar un límite máximo que supondría un esquema de *cap-and-trade*[111]. Los excesos se reconocerían, se medirían y darían lugar a multas compensatorias. La aplicación es fundamental, ya que se basa principalmente en la medición de las principales etapas del proceso, desde la producción de plásticos, hasta los desechos y la basura.

También se podría imaginar dentro de los ecosistemas una especie de contrato o intercambio entre los servicios ecológicos que ofrece la biodiversidad y un esfuerzo financiero, público y comunitario. Estos servicios prestados por los ecosistemas son el resultado de las funciones ecológicas de funcionamiento, automantenimiento y resiliencia de los sistemas, como la producción de oxígeno, la polinización o la purificación del agua. Tienen una dimensión económica cuantificable y deberían medirse sistemáticamente[112]. El Banco Mundial requiere ahora que se incluyan en las cuentas nacionales los costos de la pérdida de biodiversidad y del cambio climático. Los Estados deberían coincidir en la adopción de estos enfoques holísticos.

También se podrían imaginar bienes comunes que incluyan tanto agentes humanos como no humanos.

---

[111] Según el esquema *cap-and-trade*, un gobierno establece un número fijo de cupos anuales que permiten a las empresas emitir una cantidad determinada de CO_2. Las empresas deben pagar un impuesto si emiten más contaminantes de lo permitido. Las empresas que reducen sus emisiones pueden vender, o "intercambiar" asignaciones no utilizadas a otras compañías. (N. del t.).

[112] El concepto de servicios ecológicos fue desarrollado por estudiosos estadounidenses a partir del estudio de los problemas ambientales críticos *Man's Impact on the Global Environment*, publicado en 1970 por MIT Press, y luego validado internacionalmente en la Evaluación de los Ecosistemas del Milenio, encargada en 2000 por el Secretario General de las Naciones Unidas, y el informe internacional publicado en 2005. G. C. Daily, 1997, reconstruye su historia.

Referencias

Barnes, Peter 2006 *Capitalism 3.0: A guide to reclaiming the commons*. Oakland, CA: Berrett-Koehler Publishers.

Daily, Gretchen C. 1997 *Nature's Services: Societal Dependence on Natural Ecosystems*. Washington DC: Island Press.

Diz, Daniela 2016 "Unravelling the Intricacies of Marine Biodiversity Conservation and its Sustainable Use: An Overview of Global Frameworks and Applicable Concepts", en: E. Morgera y J. Razzaque (eds.), *Biodiversity and Nature Protection Law*. Cheltenham UK/Northampton MA: Edward Elgar Publishing, pp. 123-144.

Grafton, R. Quentin 2000 "Governance of the Commons: A Role for the State?" *Land Economics*, 76(4): 504-517.

Griffin, Ronald C. 2018 *Water Resource Economics. The Analysis of Scarcity, Policies and Projects*. Cambridge MA/London: The MIT Press, 2ª ed.

Ostrom, Elinor 2010 "Beyond Markets and States: Polycentric Governance of Complex Economic Systems". *American Economic Review* 100, June 2010 [esta es una versión reelaborada de su discurso pronunciado ante la Academia Nobel en Esttocolmo, el 8 de diciembre de 2009].

Ostrom, Elinor 2005 *Understanding institutional diversity*. Princeton: Princeton University Press.

Ostrom, Elinor 1990 *Governing the Commons: The Evolution of Institutions for Collective Action*, Cambridge: UP.

Ostrom, Elinor; Kanbur, Ravi; Guha-Khasnobis, Basudeb 2007 *Linking the formal and informal economy: concepts and policies*. Oxford: Oxford University Press.

Ostrom, Elinor y James Walker 2003 *Trust and Reciprocity: Interdisciplinary Lessons from Experimental Research*. New York: Russell Sage Foundation.

Toonen, Theo 2010 "Resilience in Public Administration: The Work of Elinor and Vincent Ostrom from a Public Administration Perspective". *Public Administration Review*, 70(2): 193-202.

Publicaciones periódicas

International Journal of the Commons 2006, publicado por The International Association for the Study of Commons (IASC).

27

EL AGUA, NECESIDAD VITAL Y JUSTICIA GLOBAL: UNA PERSPECTIVA ÉTICA

Evelyne Fiechter-Widemann

Introducción

Intentemos establecer una conexión ética entre los dos conceptos de "agua como necesidad vital" y "justicia global".

Es tautológico decir que, si no se satisfacen las necesidades diarias de agua, se producirá un cúmulo de crisis: crisis alimentaria y social, inseguridad, guerra, hambruna e incluso muerte. Según los expertos, la amenaza es muy real.

En efecto, se ha documentado y reconocido la desigualdad en el acceso de los seres humanos al agua. Fuentes de la ONU afirman que mil millones de personas carecen de acceso al agua potable y 2.600 millones al saneamiento. Solo una de cada dos personas tiene un grifo en su casa. La desigualdad se agrava cada año. Tiene múltiples causas, de las que aquí solo mencionaré una: el sistema político. Es fácil constatar que países democráticos como Estados Unidos y Australia tienen mejores herramientas para mitigar la escasez o el exceso de agua que países "vulnerables" como algunas naciones africanas y asiáticas.

En el año 2000, la comunidad internacional estableció algunos objetivos de desarrollo del milenio (ODM) para la reducción de la pobreza y el agua (concretamente el ODM 6 está referido al agua). Sin embargo, su aplicación sigue siendo problemática.

¿Debemos darnos por vencidos o, por el contrario, explorar otro camino: el de la sabiduría práctica, el de una ética que pueda guiar a la humanidad del siglo XXI en la gestión de los complejísimos retos que plantea el agua?

Elijamos este enfoque —que pretende honrar al yo, al "otro" que está cerca y al "otro" que está lejos— para dar el protagonismo a la alteridad, un requisito que me parece vital en este caso.

Con el fin de descubrir un tipo de justicia —a la que yo calificaría como global— para el agua como necesidad vital, analizaré tres valores: la Regla de Oro, la dignidad humana y las capacidades a la luz de este criterio de alteridad u "otredad".

La Regla de Oro como base para la justicia en cuanto solicitud

Tal y como la predicaban los pastores ingleses del siglo XVI, la Regla de Oro correspondía a la regla que Jesús situó en el centro del Sermón de la Montaña (Mateo 7) o el Sermón de la Llanura (Lucas 6): "Y como queréis que os hagan los hombres, así hacedles también vosotros". A primera vista, la máxima representa la justicia como igualdad o reciprocidad entre los dos interlocutores presentes, el agente y el paciente, es decir, la persona que actúa y la persona sobre la que se actúa. Esta equivalencia recuerda a la ley del talión, "ojo por ojo, diente por diente". Paul Ricoeur sugiere reinterpretar la Regla de Oro para evitar una deriva utilitaria en "yo doy para que tú me des". A través de la lente del amor, la fórmula se vuelve desinteresada: "Doy porque se me ha dado".

La visión de este filósofo francés hace hincapié en la generosidad y el don, incluso la empatía, que nos anima a ponernos en el lugar de los demás. Así que, en cierto modo, la Regla de Oro entraña una obligación, en la que el agente se convierte en deudor del paciente. Esto también se ilustra maravillosamente en la parábola del Buen Samaritano (Lucas 10: 25-37).

En el contexto del agua como necesidad vital, la máxima puede servir de invitación a no permanecer indiferentes, e incluso a buscar formas de actuar frente a los mil millones de individuos que luchan por conseguir los veinticinco litros diarios de agua que necesitan para s   obrevivir. Más aún, puede invitarnos a considerarnos deudores de las generaciones futuras.

En resumen, aunque la Regla de Oro exige justicia, también —si realmente nos ponemos en el lugar de los demás— exige actos de solicitud: "haced bien, y prestad, no esperando de ello nada" (Lucas 6: 35).

Citemos una vez más a Ricoeur, que aboga por "incorporar tenazmente, paso a paso, un grado suplementario de compasión y generosidad en todos nuestros códigos"[113]. Aunque la tarea resulte "difícil e interminable" [114], es nuestra responsabilidad emprenderla para reconocer a los seres humanos su dignidad.

La "dignidad humana" como base para la justicia en cuanto equidad

No puede haber justicia sin preocupación por el ser humano, o incluso sin un "valor idealizado (...) del ser humano"[115].

---

[113] Paul Ricoeur (2008), Amour et justice. Paris: Points, p. 42. [Existe traducción al castellano: Paul Ricoeur (2011), *Amor y justicia*. Madrid: Trotta].

[114] *Ibid.*

[115] Frase de Jacques Mourgeon ciada por Xavier Bioy, "La dignité: question de principes", en S. Gaboriau y H. Pauliat (eds.) (2006), *Justice, éthique et dignité: actes des colloque organisés à Limoges les 19 et 20 novembre 2004*. Presses Univ. Limoges. p. 59; véase también Jacques Mourgeon (2003), *Les droits de l'homme*, Paris: PUF.

El concepto de dignidad humana, mencionado por los profetas bíblicos, fue formulado por primera vez durante el Renacimiento por Pico della Mirandola. Luego fue defendido con vehemencia por Kant, para quien todos los individuos debían ser tratados de forma igualitaria por el simple hecho de pertenecer al género humano. La igualdad devenía un criterio de justicia.

La "dignidad humana" asumió diversas formas antes de convertirse en un valor fundamental en la Declaración Universal de los Derechos Humanos de 1948, cuyos redactores aún vivían bajo el impacto de los horrores de la Segunda Guerra Mundial. Su intención era proteger a las personas contra un gobierno arbitrario.

Una vez que la Asamblea General de la ONU otorgó al agua la categoría de derecho humano en 2010, el concepto de dignidad humana se actualizó para abarcar no solo los derechos y libertades, como la libertad de conciencia, sino también la consideración concreta de una vida decente: saciar la sed y gozar de los beneficios de una buena higiene.

¿Cómo se define una vida digna? ¿Podemos aceptar el hecho de que los estadounidenses consuman mil litros de agua al día mientras que en otros lugares las personas apenas tienen acceso al mínimo básico de veinticinco litros diarios? ¿O el concepto de dignidad humana depende del contexto, en detrimento de una justicia que tiene como criterio básico la igualdad?

Intentemos salir de este callejón sin salida explorando un tercer valor, el de las capacidades.

Las capacidades como base para la justicia en cuanto libertad

El concepto de capacidades (*capabilities*) fue introducido hace unos años por Amartya Sen, Premio Nobel de Economía de 1998.

Permite considerar que dos individuos con acceso al mismo recurso, condición que se denomina "libertad formal", no tendrían la misma "libertad real" de convertirlo en bienestar o en acción. Por ejemplo, un discapacitado podrá hacer mucho menos que una persona sin discapacidad, porque tendrá que gastar más para conseguir una movilidad equivalente.

En materia de agua potable, este nuevo enfoque de la libertad me parece pertinente, como lo ilustra el caso de un pueblo del África subsahariana. Tras tomar conciencia del problema del agua, los miembros de la asamblea local decidieron vender algunas cabezas de ganado para comprar bombas de agua. Esta opción estratégica creó una nueva "capacidad" para las mujeres, que antes tenían que llevar el agua a sus chozas desde varios kilómetros de distancia. Las bombas liberaron tiempo para otros menesteres, por ejemplo, para dedicar más tiempo a la enseñanza de los niños, o para recibir formación que pudiera ayudarles a conseguir un empleo.

Como vemos, las capacidades tienen dos características esenciales. En primer lugar, convierten conocimiento experto o ingresos en logros ("funcionamientos", como la educación de los niños en el ejemplo anterior, o los ingresos). En segundo lugar, el enfoque de las capacidades se ocupa directamente de los seres humanos, sobre todo haciéndolos participar personalmente en la cuestión del acceso al agua, dándoles así la oportunidad de establecer de manera autónoma sus propias prioridades.

Conclusión

¿Sería más conveniente centrarse en la solicitud, en la igualdad o en la libertad a la hora de tratar de responder de la mejor manera posible a los desconcertantes retos que nos plantean hoy el agua dulce y el agua potable? En mi opinión, estos tres conceptos clave son insoslayables, pero no deben provocar división. Si la igualdad fue prioritaria en la doctrina de los derechos humanos tras las atrocidades de la Segunda Guerra Mundial, deberíamos abrir un debate con pensadores orientales como Amartya Sen, que parecen privilegiar la libertad. Mientras tanto, pienso, junto con Paul Ricoeur, que es indispensable devolver a la solicitud y al amor el lugar que les corresponde, especialmente a través de la Regla de Oro.

De este modo, podríamos sentar las bases de un tipo de justicia global digna de ese nombre. Al menos, esa es la ruta prudencial que sugiero para una nueva ética del agua como necesidad vital.

28

EL DEBER DE PROTEGER
COMO CONDICIÓN DE POSIBILIDAD
DE UNA ÉTICA GLOBAL DEL AGUA

Evelyne Fiechter-Widemann

La responsabilidad es un hecho ético que no se puede encasillar en una disciplina como el derecho, la sociología, la filosofía o la teología[116]. Desde el punto de vista de la filosofía trascendental de Kant, este concepto ambiguo puede considerarse, cuando menos, como la "condición de posibilidad" para la aplicación de los derechos y libertades fundamentales.

Cuando la Asamblea General de las Naciones Unidas otorgó al agua el estatus de derecho humano en julio de 2010, elevó este recurso natural a un nivel axiológico que le otorgaba un valor que se debía defender, y lo situó junto a los demás derechos humanos en la categoría de los derechos inalienables (véase el preámbulo de la *Declaración Universal de los Derechos Humanos* (1948).

Al hacerlo, la comunidad internacional reconoció —al menos implícitamente— que el derecho humano al agua toca el derecho natural. Recordemos que la antigua escuela filosófica del estoicismo veía el derecho natural como un principio de origen divino, el logos que rige el cosmos. La cristiandad reestructuró estos conceptos de manera que el

---

[116] Véase la sección "Las y los autores" al final del libro.

cosmos se convirtió en la Creación y los principios de origen divino en los Diez Mandamientos y la Ley de Cristo.

Por lo tanto, dado el núcleo del derecho natural que se encuentra en el corazón de los derechos humanos, es legítimo utilizar un enfoque interdisciplinario y examinar el concepto de la responsabilidad de proteger el agua a través de las ópticas de la teología, la ética y el derecho.

La mirada teológica

Con el apoyo de las enseñanzas del reformador Juan Calvino, que veía la creación como el "teatro de la gloria de Dios", y la mirada infinitamente humana del teólogo Bonhoeffer hacia las personas marginadas y que sufren, es posible nombrar de forma auténtica y creíble los principios en los que puede y debe basarse una ética global del agua. Se trata de que el ser humano acepte el mandato de Dios de gestionar la naturaleza de forma responsable, sin abusar de ella, y que al mismo tiempo tenga en cuenta las necesidades presentes y futuras de los más pobres. Estos principios claramente enunciados desbaratan la posición del medievalista Lynn White, según quien el cristianismo estaría en la raíz de la crisis ecológica actual.

La mirada ética

Los expertos de las Naciones Unidas crearon tres conceptos para que los gobiernos encargados de aplicar el derecho humano al agua los utilicen. Se expresan en las tres responsabilidades resumidas como los "deberes de respetar, proteger y cumplir". Por el momento, estos deberes o responsabilidades, que no tienen fuerza legal vinculante, pueden ser aclarados desde un punto de vista ético. Desde esta perspectiva, forman un todo, en mi opinión, en el sentido de que el respeto es el motivo ético de la responsabilidad de proteger, y cuando la responsabilidad se acepta plenamente, el derecho al agua se aplica *ipso facto*.

Así pues, lo que nos interesa aquí es el motivo de la acción responsable. ¿Qué abarca este concepto de respeto? En el contexto del agua como necesidad vital, no puede asumir su significado comúnmente aceptado de miedo, deferencia o distancia que hay que mantener respecto de personas eminentes. Por el contrario, se trata de la consideración debida a los necesitados.

Mientras que Immanuel Kant consideraba que el respeto debido a una persona era también, en primer lugar, el respeto debido a la ley, Paul Ricoeur considera que se trata de superar la brecha dialógica, el contraste que establece el respeto entre el agente y el paciente. En lo que respecta al agua, la disimetría entre dos entidades puede ilustrarse, por ejemplo, con un gobierno que corta el suministro de agua a un consumidor que ya no puede pagar la factura. Ricoeur considera que remitiéndonos a la Regla de Oro podemos volver a equilibrar los dos platillos de la balanza. Esta máxima permite ver una regla ética, incluso teológica, en el deber de "respeto" que proponen los expertos de la ONU para la aplicación del derecho al agua.

La mirada jurídica

Sudáfrica está haciendo una contribución excepcional a la cuestión del derecho humano al agua y las responsabilidades que conlleva. Su constitución de 1996 establece el derecho al agua y, en una orden gubernamental emitida en 2000, fijó las normas para suministrar agua gratuita a la población negra desposeída de las zonas rurales. La política nacional de acceso al agua implementada por el programa Free Basic Water pretende proporcionar un mínimo de 25 litros diarios a unos siete de los 23 millones de habitantes del país, para cubrir sus necesidades vitales de beber, cocinar, higiene personal y limpieza del hogar. ¿Acaso no constituyen estas normas una base para el objetivo del derecho humano al agua, es decir, el respeto de la dignidad humana?

Dado que las subvenciones necesarias para proporcionar esta agua gratuita suponen una carga para el presupuesto nacional, al gobierno le interesará en el largo plazo que el número de beneficiarios del programa de agua básica gratuita disminuya, y que cada usuario contribuya al servicio de agua según sus posibilidades. En efecto, y los expertos de la ONU son muy claros al respecto, el derecho humano al agua no significa un derecho al agua gratuita. Así que el reto para el Estado es aprobar leyes que hagan que el agua sea asequible.

Evidentemente, no existe ninguna forma de control internacional capaz de garantizar la aprobación de leyes que impidan unos precios excesivos del agua en los Estados calificados como "ausentes". Además, se han constatado con mucha frecuencia abusos cuando el servicio del agua se confía a empresas privadas. Precisamente con el objetivo de bloquear esos abusos deberían entrar en juego las directrices de los expertos de la ONU y el ejemplo de Sudáfrica.

Conclusión

Las perspectivas teológica, ética y jurídica del deber de proteger que acabo de exponer se refieren a un tipo particular de responsabilidad, una responsabilidad ética, en la línea de una misión de protección del agua. Así pues, no se trata de un caso de responsabilidad como imputación de una acción que deba evaluarse desde un punto de vista moral o jurídico. Me parece que el ejemplo de la legislación sudafricana sobre el agua es claramente el resultado de una misión de protección y, por tanto, se inclina más hacia la perspectiva ética que hacia la jurídica. Después de todo, ¿no está el propio derecho humano al agua, y su aplicación, relacionado con el mandato de Dios de proteger a los más débiles entre los débiles?

29

EL ÉNFASIS DE LA JUSTICIA SOCIAL EN EL DESARROLLO SOSTENIBLE: ALGUNOS DESAFÍOS DEL DEBATE FILOSÓFICO ACTUAL

Laurence-Isaline Stahl Gretsch

Notas[117] de una exposición sumaria del profesor François Dermange[118] tomadas por Isaline Stahl Gretsch (W4W)

El eje de la justicia social

El eje "justicia social" en el desarrollo sostenible es un vínculo entre el desarrollo económico (el concepto de necesidad, especialmente las

---

[117] Laurence-Isaline Stahl Gretsch. Después de terminar sus estudios en la Universidad de Ginebra, trabajó durante quince años como arqueóloga especializada en prehistoria, tanto en el cantón del Jura, Suiza (trabajos relacionados con la construcción de la autopista Transjurana), como en la Universidad de Ginebra. Tras completar su tesis en ciencias, ha estado a cargo del Museo de Historia de la Ciencia de Ginebra durante más de diez años. En 2009, el museo organizó una exposición titulada "Genève à la force de l'eau".

[118] François Dermange es profesor de ética en la Facultad de Teología de la Universidad de Ginebra. Centra sus investigaciones en la tradición ética protestante, así como en la ética de la economía y el desarrollo sostenible. Inicialmente cursó estudios comerciales en HEC París y trabajó como asesor en la empresa consultora de auditoría Arthur Andersen.

necesidades de los más pobres), la protección del medio ambiente (por ejemplo, una limitación gubernamental de ciertas tecnologías) y la justicia social.

El informe de la Comisión Brundtland (1987) define la justicia social como la cobertura de las necesidades esenciales de los pobres, a los que hay que dar una opción preferente:

- ayudar a los más pobres,
- limitar el uso de los recursos,
- la internalización de los costos tiene un efecto regresivo sobre los pobres.

La Conferencia de Río de Janeiro de 1992 modificó el enfoque (adoptó los criterios de Brundtland pero los reinterpretó). En dicha cumbre se afirmó por primera vez la interdependencia e indivisibilidad de los tres ejes del desarrollo sostenible. Sin embargo, la justicia social fue sustituida por la paz, que se convirtió en el tercer eje, junto con el desarrollo económico y la protección del medio ambiente.

En cuanto a la justicia distributiva, la Conferencia de Río abandonó la idea de dar prioridad a las necesidades de los pobres y prefirió hablar de dar prioridad al desarrollo de los países más vulnerables (principio 6) y de erradicar la pobreza, reducir las disparidades y satisfacer las necesidades del mayor número posible de personas.

Justicia distributiva

Principios de justicia

El Tratado de Westfalia de 1648, que puso fin a la guerra de los Treinta Años, estableció una triple separación: entre derecho y moral, entre derecho y política y entre derecho interno e internacional. Este sistema se impuso en las democracias occidentales, aunque su primer principio ha sufrido una erosión gradual. Los demás principios westfalianos no parecen haber sido revisados, especialmente la idea de que el

Estado es la única fuente de derecho en el derecho interno y el único asunto en el derecho internacional.

Durante veinte años, el debate sobre la justicia global ha girado en torno a la cuestión de saber si los modelos de justicia desarrollados dentro de los Estados son también válidos entre Estados. A riesgo de simplificar excesivamente, un único modelo llegó a ser ampliamente utilizado en las democracias occidentales: el de John Rawls. Para dejar constancia, en su libro *A Theory of Justice Rawls* (1921-2002) explicó los siguientes dos principios de justicia en orden lexicográfico:

- El principio de la máxima igualdad de libertades: toda persona debe tener un derecho igual a la mayor libertad fundamental, con un mismo sistema de libertad para todos.

- El principio de la diferencia, que admite las desigualdades sociales y económicas siempre que estén asociadas a funciones y puestos abiertos a todos en un contexto de igualdad equitativa de oportunidades; toda mejora de la suerte de las personas más favorecidas va acompañada de una mejora de la suerte de las personas más desfavorecidas de la sociedad (lo que se denomina el principio "maximin").

Este principio de justicia no es aplicable en todo el mundo.

Rawls da un ejemplo que recuerda al de la fábula de la cigarra y la hormiga. Si hay dos países con recursos comparables, y uno se decide por un estilo de vida pastoral mientras que el otro opta por la industrialización, y si el segundo país se hace entonces más rico que el primero, el segundo no se verá obligado a subvencionar las necesidades del primero, que deberá asumir las consecuencias de su decisión.

Desde este punto de vista, la respuesta a la pobreza generalizada en los Estados "cigarra" no radica exclusivamente en una política de redistribución que haga recaer injustamente la carga en los Estados "hormiga", sino en cómo se ven a sí mismos los Estados "cigarra".

Las causas de la prosperidad de un pueblo deben buscarse en su cultura política y en las tradiciones religiosas, filosóficas y sociales que subyacen a la estructura básica de sus instituciones políticas y sociales, así como en la laboriosidad y capacidad de cooperación de sus miembros, todo ello cohesionado por sus virtudes políticas.

¿Debemos imponer un sistema de redistribución global? Adam Smith defiende este principio: la función de la economía es crear riqueza y, en una primera aproximación, redistribuirla.

F. Dermange concluye que la ética del agua no es una cuestión del agua, sino de dignidad humana.

Equidad y responsabilidad

El núcleo de la cuestión de la ética del agua gira en torno al concepto de responsabilidad. ¿De qué y de quién somos responsables, y ante quién? Esta pregunta está relacionada con conceptos como la equidad y la solvencia.

Existe una especie de tensión, o complementariedad, entre tres tipos de responsabilidades, dos de las cuales provienen de la antigua Roma:

- El término latino *sponsio,* del verbo *spondere,* significa un intercambio de consentimientos entre dos personas, con una persona externa —el responsable— que actúa como garante del intercambio y que, por lo tanto, no debe ser considerada como infractora, sino como la persona que debe responder por cualquier hecho. Este es el papel del Estado o de las autoridades supranacionales. Esto implica un trabajo jurídico para determinar las entidades que garantizarán la armonía, especialmente en relación con el exterior.

- En la tradición de la República romana, lo que realmente cuenta es la libertad y el rechazo a la sumisión. Por tanto, es esencial que los ciudadanos puedan participar en las decisiones que les conciernen. Se trata de restablecer la igualdad y el rechazo a la sumisión.

- Hay un pensamiento común a Gandhi y a Calvino. Ambos se percataron de que hay una disimetría entre los más fuertes y los más débiles, entre los que tienen más recursos y los otros. Lo importante es que el que tiene el poder lo utilice para el bien de los demás y no para su propio beneficio. Se trata, pues, de una exigencia moral y no económica o jurídica.

Todas las presentaciones de hoy han hablado de responsabilidades, en sentidos complementarios y diferentes, de donde surgen algunos puntos de perplejidad.

Del mismo modo, los usos del agua son tan diversos que no conseguimos ser claros en cuanto a las necesidades esenciales (bebida, saneamiento, agricultura). ¿Hasta dónde llegamos?

30

LA BELLEZA COMO PUNTO DE PARTIDA HACIA EL RESPETO. UNA PIEDRA ANGULAR PARA LA ÉTICA

Benoît Girardin

El propósito aquí es desarrollar una ética de respeto por las especies animales y vegetales y su biodiversidad, así como una ética de responsabilidad hacia la belleza natural de los océanos, la tierra y el aire[119].

La estabilización y posterior reducción del calentamiento global, así como la contención de la rápida disminución de la biodiversidad, exigen sensibilidad emocional e incluso pasión en el sentido etimológico de sufrimiento y compasión. Estos dos retos invitan a la comunidad de naciones a reinventar una responsabilidad de custodia o mayordomía orientada por una lógica económica de largo plazo que se derive de una mayordomía estética y emocional, surgida del asombro y la compasión.

Ante la contaminación de sitios naturales y la pérdida de biodiversidad, se nos invita a defender la *belleza natural* de los mismos, la inmensa variedad de especies biológicas que allí residen y a afirmar el respeto

---

[119] Véase la sección "Las y los autores" al final del libro.

que se les debe. Parte de nuestra inhibición ante la belleza natural tiene su origen en el énfasis predominante que la tradición filosófica occidental moderna —a partir de la Ilustración— asigna al juicio estético, o sea la tendencia del observador a encuadrar lo agradable y los criterios del gusto[120], mientras que las tradiciones antigua y medieval articulaban la belleza al ser —ideal o concreto[121]— y la consideraban una cualidad o categoría intrínseca aplicable a todo, independientemente de nuestra manera de relacionarnos con ella.

Sin embargo, afirmar el carácter subjetivo o relativo de un enfoque estético no niega las bellezas naturales. El propio Emmanuel Kant, después de insistir en los criterios subjetivos del gusto y en las condiciones de posibilidad del juicio estético práctico, expresó con fuerza los sentimientos de belleza y admiración que le inspiraban los océanos y sus

---

[120] Yendo más allá del énfasis que pone la tradición británica (Hutchinson, Hume) en los criterios para declarar erróneos ciertos juicios estéticos, Kant afirma que el juicio de la belleza es singular, imposible de generalizar. Las leyes del gusto no pueden enunciarse según una regla de belleza. La belleza de las obras de arte permanece ligada a un mensaje del artista y condicionada por el contexto.

[121] Mencionemos las enseñanzas respectivas de los platónicos que hacen hincapié en el orden, la claridad, la armonía y el equilibrio, y las de los dionisíacos que hacen hincapié en la profusión, la sensualidad y la vehemencia, es decir lo percibido, en tanto que Mary Mothersill señala en *Beauty Restored* (1984) la cualidad intrínseca de la belleza. La filosofía escolástica medieval se aviene gradualmente a describir el ser como uno, bueno, verdadero y bello —los cuatro llamados "trascendentales"—. Umberto Eco, en su *Arte y belleza en la estética medieval*, caps. 3, 5, rastrea esta evolución iniciada en la *Summa de bono* de Felipe el Canciller, seguida por Guillermo de Auxerre antes de ser teorizada por Alberto Magno en *Super Dyonisium de divinis nominibus*. Eco muestra cómo la *Summa Theologiae* I, 39, 8, de santo Tomás de Aquino incorpora la tradición de los vitrales, enfatizando la claridad y la transparencia, y luego documenta la transición hecha por Duns Escoto y Guillermo de Occam, quienes enfatizan el vínculo entre la belleza y la singularidad individual, promoviendo la intuición de lo singular (Eco 2021, cap. 9).

profundidades, sin tener en cuenta su utilidad[122]. Esto refleja sin duda lo *sublime* de la naturaleza, más allá de lo bello que pertenece a la esfera estética y a las artes humanas. Lo sublime despierta un sentimiento de inaccesibilidad, la naturaleza es vista como una fuerza que despierta no solo miedo —por ejemplo, miedo al océano enfurecido— sino poesía. Por tanto, es ilusorio ver una paradoja entre subjetivismo y realismo.

Aunque la ética y la estética son campos tradicionalmente separados, la dimensión estética las atraviesa. Aldo Leopold (1887-1948), ingeniero forestal estadounidense y luego profesor de la Universidad de Wisconsin-Madison y filósofo, es un pionero. Al percatarse de la importancia de los equilibrios sistémicos entre los depredadores salvajes y las víctimas, se propuso desarrollar una ética ecológica y luego añadir la dimensión de la belleza, articulando así ética y estética: "Una cosa es correcta cuando tiende a preservar la integridad, la estabilidad y la belleza de la comunidad biótica. Está errada cuando tiende a lo contrario"[123]. Por consiguiente, algo que socava la biodiversidad reduciéndola significativamente puede considerarse aquí como un ataque o una amenaza contra la belleza.

Inspirándonos libremente en las innovadoras reflexiones filosóficas desarrolladas más recientemente por G. E. Moore (1873-1958), Guy Sircello (1936-1992) y Mary Mothersill (1923-2008)[124], que abogan por

---

[122] En el libro II de su *Crítica del juicio*, dedicado al análisis de lo sublime, § 26-30, Kant habla de la belleza de las profundidades del océano (§ 29). Otro pasaje del § 30 habla de la extravagante belleza que la naturaleza difunde en el fondo del océano, donde el ojo humano raramente penetra.

[123] Aldo Leopold (1949), p. 262. Véanse también sus reflexiones sobre la ética de la tierra en la p. 244. "En pocas palabras, una ética de la tierra cambia el papel del *Homo sapiens* de conquistador de la comunidad de la tierra a simple miembro y ciudadano de la misma. Esto implica respeto por los otros miembros, así como respeto por la comunidad como tal" (nuestra traducción).

[124] G. E. Moore va más allá del idealismo y el escepticismo respecto de la belleza intrínseca y afirma en su *Principia Ethica* (1903) que el valor total desplega-

rehabilitar la importancia de la belleza, podemos identificar cuatro características intrínsecas del mundo vegetal y animal para ponerlas en resonancia con una dimensión de la belleza i) la diversidad, signo de exuberancia, una especie de magnanimidad de la naturaleza, ii) la coherencia interactiva o el equilibrio en constante movimiento de una totalidad, iii) la adaptabilidad innovadora e ingeniosa y iv) el ritmo dinámico y la resiliencia, y los considera como marcadores de armonía, de lo sublime y, por tanto, de belleza.

Hay una razón por la que estos "puntos calientes" de biodiversidad, estos lugares que son el hábitat de especies específicas, así como las propias especies, atraen a muchos admiradores de todo el mundo.

Nos invitan a afirmar una *ética de la belleza*, que reconozca valores distintos de la viabilidad económica, el mero beneficio o la simple sostenibilidad biológica.

Por tanto, la cuestión principal en términos éticos consiste en establecer qué criterios permitirán distinguir, por un lado, la explotación sostenible de los recursos naturales —lo que no excluye ciertas desapariciones— y, por otro, su devastadora sobreexplotación. Al fin y al cabo, la historia de nuestro planeta muestra que han desaparecido especies —como los dinosaurios— o desaparecerán, mientras siguen naciendo otras. La biodiversidad no es estática ni conservacionista. La línea de fractura de la sobreexplotación devastadora puede identificarse en función del volumen y la rapidez de las pérdidas de biodiversidad, aquella que destruye la interdependencia entre las especies y su entorno, aquella que rompe irreversiblemente o debilita de forma permanente la armonía

---

do durante una apreciación estética trasciende el valor del observador y de lo observado (*Principia*, cap. 18: 2). Guy Sircello (1975), *A New Theory of Beauty* caracteriza la belleza como la ausencia de deterioro (rasgo real o analizable de una realidad individual). Véanse también los numerosos artículos sobre la belleza natural publicados desde 1998 en la revista *Ethics, Policy and Environment. A Journal of Philosophy and Geography*.

dinámica de los ritmos naturales, el equilibrio de los sistemas vegetales y animales y la resiliencia global. Esto puede y debe analizarse también desde la perspectiva del sufrimiento animal, de los animales que se asfixian después de ingerir microplásticos o que resultan heridos por los desechos. Las acciones de lucha contra el sufrimiento animal y sus consecuencias, así como el respeto debido a los animales, son promovidas hoy en día por pensadores procedentes de disciplinas muy diversas[125].

Adicionalmente, y más allá de la consideración de la justicia —hacer lo que es correcto—, se nos invita a redescubrir una *ética del respeto*, que se contrapone a una ética ultraantropocéntrica. Sin llegar a hablar de derechos de los animales, en el sentido estricto del término[126], el sufrimiento de los animales, sobre todo cuando es innecesario o resulta de una lógica de pura rentabilidad, es denunciado cada vez con mayor claridad y amplitud. Aquellos que son indiferentes a este sufrimiento, que lo niegan o que perpetran la crueldad están desacreditados.

Se trata, pues, de la importancia que se atribuye al respeto y a la estética. Es cuestión de pasar de una ética absolutamente antropocéntrica, o mejor dicho de un antropocentrismo ilimitado, a una *ética relativa o*

---

[125] Nos referimos a las reflexiones filosóficas de Albert Schweizer (1875-1965), las reflexiones jurídicas de Cesare Goretti (1886-1952) sobre los animales en cuanto entes jurídicos y las reflexiones "inclusivistas" del filósofo español José Ferrater Mora (1912-1991). Tom Regan (1938-2017) alega que ciertos animales poseen capacidades mentales; véanse asimismo el artículo de David Sztybel en la *Encyclopedia of Animal Rights and Animal Welfare*, 1998; Peter Singer 2004, pp. 60-70 y 1995, así como el artículo "Environmental Ethics" de A. Brennan y L. Yeuk-Sze en la *Stanford Encyclopedia of Philosophy*, 2013.

[126] En 2003, el código civil suizo reconocía que los animales no son cosas y definía leyes de protección animal: véase la decisión gubernamental de implementar un paquete de medidas el 1 de abril de 2003. Las primeras leyes de protección animal se promulgaron durante el emperador budista indio Ashoka (siglo III a. C.), el emperador chino Wudi-Lyang (siglo VI d. C.), el emperador japonés Tenmu (siglo VII d. C.) y el rey indio Kumarapala (siglo XII d. C.).

moderadamente antropocéntrica[127]. La ética occidental moderna ganaría si integrara mejor la dimensión asiática de apreciación de la belleza. La influencia de las filosofías de la India, particularmente el jainismo, el hinduismo y el budismo, que valoran ese respeto y son menos antropocéntricas, podría resultar constructiva y aportar mayor equilibrio[128].

En ambos casos vemos el valor de mantener juntas y negarse a separar, atendiendo a la recomendación de Max Weber, una ética de la responsabilidad, centrada en las consecuencias de nuestras acciones políticas, sociales e individuales, y una ética de la convicción, centrada en la adhesión a los principios.

Naturalmente, el enfoque ético desarrollado aquí se centra en las consecuencias y, por tanto, es deliberadamente minimalista. Por consiguiente, puede considerarse como el más practicable y atractivo, por lo que tiene las mejores posibilidades de aplicación efectiva.

Referencias

Barnes, Peter 2006 *Capitalism 3.0: A guide to reclaiming the commons*. Oakland, CA: Berrett-Koehler Publishers.

Barnes, Peter 2000 *Pie in the Sky*. Washington, DC: Corporation for Enterprise Development.

Cheng, François 2016 *Cinco meditaciones sobre la belleza*. Madrid: Siruela.

Derrida, Jacques 2008 *The Animal that therefore I Am,* New York: Fordham University Press [from French translated. by Da-

---

[127] El término "antropocentrismo superficial" acuñado por William Grey parecería más apropiado que el de "supremacismo humano", que resulta difícil de defender. El biocentrismo y el fisiocentrismo pueden diluir toda responsabilidad y ética.

[128] François Cheng 2016 y François Jullien 2010 aportan reflexiones estimulantes sobre este tipo de encuentros interculturales.

vid Wills, *L'animal que donc je suis. D'une Différence à l'Autre*. Paris, Galilée 2006].

Eco, Umberto 2021 *Arte y belleza en la estética medieval*. Barcelona: Debolsillo.

Eco, Umberto (ed.) 2004 *Historia de la belleza*. Barcelona: Lumen.

Ferry, Luc 1998 *Le sens du beau: aux origines de la culture contemporaine, suivi d'un débat Ferry-Sollers sur l'art contemporain*. Paris: Éditions Cercle d'art.

Ferry, Luc 1990 *Homo aestheticus: l'invention du goût à l'âge démocratique*. Paris: Grasset.

Fontenay, Elisabeth de 1998 *Le silence des bêtes*. Paris: Fayard.

Jullien, François 2010 *Cette étrange idée du beau. Dialogue*. Paris: Grasset.

Lacosto, Jean 2003 *Les aventures de l'esthétique: Qu'est-ce que le beau?* Paris: Bordas.

Laupies, Frédéric 2008 *La beauté. Premières leçons*. Paris: PUF.

Leopold, Aldo 1949 *A Sand County Almanac*. New York: Oxford University Press. [Reeditado en 2013: *A Sand County Almanac and Other Writings on Ecology and Conservation*. New York: Library of America; el capítulo "Land ethic" también se publicó por separado en *The Ecological Design and Planning Reader* (pp. 108-121). Washington DC: Island Press/Center for Resource Economics, 2014].

Moore, George Edward 1993 *Principia Ethica*. Thomas Baldwin (ed.). Cambridge, UK: Cambridge University Press.

Moore, Ronald 2010 *Natural Beauty: A Theory of Aesthetics Beyond the Arts*. Peterborough: Broadview Press.

Moore, Ronald 2006 "The Framing Paradox". *Ethics Place and Environment*, 9(3), pp. 249-267.

Mothersill, Mary 1984 *Beauty restored*. Oxford: Oxford University Press.

Ostrom, Elinor 1990   *Governing the Commons: The Evolution of Institutions for Collective Action*. Cambridge, UK: Cambridge University Press.

Ostrom, Elinor 2010   "Beyond Markets and States: Polycentric Governance of Complex Economic Systems". *American Economic Review* 100, June 2010 [esta es una versión reelaborada de su discurso pronunciado ante la Academia Nobel en Esttocolmo, el 8 de diciembre de 2009].

Ostrom, Elinor; Ravi Kanbur y Basudeb Guha-Khasnobis 2007 *Linking the formal and informal economy: concepts and policies*. Oxford: Oxford University Press.

Singer, Peter 2004 *One World. The Ethics of Globalization*. New Haven CT: Yale Univ. Press, 2ª ed.

Singer, Peter 1995 *Animal Liberation*. New York: Random House.

Sircello, Guy 1975 *A New Theory of Beauty*. Princeton NJ: Princeton University Press. [reed. 2015].

Sztybel, David 2006   "A living will clause for supporters of animal experimentation". *Journal of applied philosophy*, 23(2), pp. 173-189.

Toonen, Theo 2010 "Resilience in Public Administration: The Work of Elinor and Vincent Ostrom from a Public Administration Perspective". *Public Administration Review*, 70(2): 193-202.

Publicaciones periódicas

Ethics, Place and Environment. A Journal of Philosophy and Geography 1998-2010; desde 2011 se publica como *Ethics, Policy & Environment*, University of Indiana.

Journal of Animal Ethics, publicado desde 2006 conjuntamente por el Oxford Centre for Animal Ethics y la University of Illinois.

31

CONTEMPLAR LAS PROFUNDIDADES: EL PAPEL DEL MITO EN LA ACCIÓN ÉTICA

Sarah Stewart-Kroeker

"Cómo se va a explicar por qué la naturaleza ha multiplicado por todas partes tan pródigamente la belleza en el fondo mismo del océano, donde sólo rara vez la vista humana (para la cual solo aquella es conforme a fin) ha alcanzado a ver?" Kant, Crítica del juicio

El océano sigue siendo un gran misterio, a pesar de las tecnologías que nos permiten explorar sus profundidades[129]. Su belleza, su carácter indispensable para la vida humana y a la vez peligroso se suman al misterio y lo convierten en materia de mitos y leyendas. Desde la *Odisea* de Homero hasta la ballena blanca de Melville o el Qalupalik de los inuit, la imaginación puebla el océano de fuerzas amenazadoras.

Los mitos son una forma de narración. El mito como género suele referirse a una narración que explica el origen, la historia o los fenómenos naturales del mundo, a menudo recurriendo a figuras o acontecimientos sobrenaturales, y suele transmitirse oralmente o de forma tradicional.

---

[129] Sarah Stewart-Kroeker es profesora adjunta de ética en la Facultad de Teología de la Universidad de Ginebra desde 2016. Tras obtener su doctorado en el Seminario Teológico de Princeton en 2014, ocupó un puesto de investigación en la Universidad de Columbia Británica. Actualmente investiga sobre ética medioambiental.

Pero, en términos más generales, los mitos también pueden reflejar nociones idealizadas o figuradas de acontecimientos, personas u otros objetos, como el océano. La ballena blanca de Melville es un buen ejemplo. Esta criatura alcanza una categoría mítica en la novela *Moby Dick* a través de la narración y las características que se le atribuyen. En un sentido amplio, un mito relata o explica el mundo a través de narraciones que hacen referencia a lo sobrenatural, lo ideal y lo figurativo. Las mitologías atraviesan los géneros y la vida cotidiana.

¿Cuál es su relación con la ética? Las narraciones que explican el sentido de la vida son una parte esencial de la moral. La interpretación y la impugnación de la narrativa del sentido (incluida la narrativa mítica) son, de alguna manera, fundamentales para el proyecto intelectual de la ética. El registro mítico es un vector cultural de la creación de sentido de la vida y de los valores, según el estudioso de la ética medioambiental Willis Jenkins. Como tales, las narraciones míticas son parte integrante —aunque sea de forma inconsciente o implícita— de la acción ética. En consecuencia, la filosofía y la teología también se ocupan de las mitologías. Y es que el mito puede significar igualmente una ficción o una idea falsa que se propaga mediante la repetición narrativa.

Una de las razones que pueden explicar por qué los humanos contaminan el medio ambiente y provocan el cambio climático es simplemente la conciencia de la magnitud de nuestro mundo natural. Actuamos y pensamos como individuos, como si pudiéramos esperar ver las consecuencias de nuestras acciones únicamente en la pequeña área en la que se desenvuelve nuestra vida cotidiana. Pero las consecuencias de estas acciones se extienden mucho más allá de nuestro hábitat inmediato. Y no solo porque el consumo individual de energía contribuye al calentamiento global, afectando a las poblaciones de forma diferente, sino también, más concretamente, porque la basura que se tira aquí puede acabar en un océano lejano. La escala de acción necesaria va mucho más allá del plano individual.

Al abordar la relación entre acciones y efectos, cada vez más global y personal al mismo tiempo, uno de los desafíos es conciliar dos escalas de la acción humana: una escala individual y otra colectiva[130]. La dificultad reside en que esta figura englobante de la escala colectiva está más allá de nuestra experiencia personal. El registro mítico puede ayudar a crear un diálogo entre estas dos dimensiones. El registro mítico es un vector cultural del sentido de la vida[131]. Como tal, nos permite combinar estas dos escalas de acción, la escala individual y la escala colectiva. Al hacerlo, el registro mítico, que vincula los valores e ideales culturales con los valores e ideales religiosos y espirituales, nos permite relatar las acciones individuales en un marco que les da un significado que trasciende al individuo.

No obstante, debemos ser cautelosos, pues al igual que el propio océano es fuente de vida y de muerte, los mitos pueden iluminar y oscurecer, pueden inspirarnos acciones nobles y pueden llevarnos a la locura (también en este caso, la historia de Melville es un buen ejemplo de acciones nobles y acciones desquiciadas inducidas por la búsqueda de una figura idealizada). Ante los retos medioambientales, pensar en cómo comunicar los problemas al público significa pensar en cómo sensibilizarlo.

Bruno Latour señala que con frecuencia se acusa a los ecologistas de recurrir a una estrategia de retórica apocalíptica[132]. Estas acusaciones desacreditan el mensaje de la crisis ecológica al asociarlo con una histeria excesiva, convirtiendo la realidad en una ficción —un mito, en el

---

[130] Willis Jenkins (2016), "The Turn to Virtue in Climate Ethics: Wickedness and Goodness in the Anthropocene", *Environmental Ethics* 38:1.

[131] *Ibid.*: 87.

[132] Bruno Latour (2015), *Face à Gaïa: huit conférences sur le nouveau régime climatique*. Paris: Éditions La Découverte, p. 251. [Traducción al castellano: Bruno Latour (2017), *Cara a cara con el planeta. Una nueva mirada sobre el cambio climático alejada de las posiciones apocalípticas*. Ciudad Autónoma de Buenos Aires: Siglo XXI].

sentido peyorativo—. Según Elizabeth Kolbert, periodista del *New Yorker*, esta apariencia de histeria refleja la dificultad de representar una realidad que no nos es inmediatamente accesible[133]. Tanto Latour como Kolbert comparan el escepticismo hacia la crisis ecológica con la incredulidad con la que los troyanos recibieron las advertencias de Casandra, personaje de la mitología griega que había profetizado la derrota de Troya, en vano[134].

Ya se trate del cambio climático o de los océanos inundados de plástico, además de la importancia de los análisis biológicos, químicos e hidráulicos, es imprescindible hacer una reflexión ética sobre el modo en que se comunica esta realidad, en un registro ya no estrictamente informativo, sino relativo al sentido y a la imaginación. En efecto, las fuentes de la acción ética se inscriben en el marco que le da sentido, y este marco procede de una u otra manera de la narración de lo ideal o de lo figurado. La comunicación de un desafío ético no debe ignorar este aspecto de las fuentes de la acción. La responsabilidad que acompaña a esta labor de representación es pesada. Si un mito puede tener la capacidad de movilizar, otro puede mentir, socavar la confianza y entorpecer la acción.

Cuando nos planteamos la pregunta "Océanos inundados de plástico: ¿mito o realidad?", podríamos vernos arrastrados a plantear una oposición entre mito y realidad, entre lo ficticio y lo real. Lo que quiero decir es que puede resultar mucho más fructífero distinguir entre los mitos que son fieles a la realidad tal y como la entendemos y los que no lo son.

Para desarrollar esta idea, utilizaré un ejemplo de la *República* de Platón. En este texto, Sócrates intenta convencer a sus interlocutores de

---

[133] Elizabeth Kolbert (2016), "Greenland is Melting", *The New Yorker*, 24 de octubre. Disponible en: http://www.newyorker.com/magazine/2016/10/24/greenland-is-melting.

[134] Bruno Latour, *Face à Gaïa, op. cit.*: 283; Elizabeth Kolbert, "Greenland is Melting".

que la justicia es mejor que la injusticia. Enseguida se ve que los compañeros de Sócrates no comparten la misma definición de justicia. Esto se hace patente en las diferentes ciudades que describen Sócrates y Glaucón. La ciudad de Sócrates es sencilla y saludable, mientras que Glaucón solo ve una vida bestial, carente de lujos[135]. No ve justicia donde Sócrates la ve. Para responder a este callejón sin salida, Sócrates no tiene mejor solución que recurrir al mito, a las historias narradas sobre los dioses[136]. Sócrates sugiere reconfigurar los valores de manera diferente apelando al registro mítico.

¿Cómo educar a los guardianes que vigilarán la ciudad con justicia? Tendrán que aprender a distinguir la verdad de la mentira, las historias verdaderas de las falsas[137]. Para enseñarles esto, hay que empezar por las fábulas que se cuentan a los niños. Sócrates enumera a continuación toda una serie de historias sobre los dioses y héroes de la antigua Grecia, y todos los aspectos de las historias que son falsos. A medida que lo va haciendo, despoja a las representaciones de los dioses de las características habitualmente asociadas a esta mitología: las querellas internas, las disputas por las mujeres, disfraces para seducir, etc. Sócrates elimina de estos relatos todos los excesos de sexo y poder, precisamente aquellos que Glaucón asocia a los deseos fundamentales del ser humano. Al hacerlo, contradice sutilmente la idea de Glaucón de que todos, si pudieran, se librarían a los excesos de esos deseos de sexo y poder. Esta idea de Glaucón remite a otro mito, el del anillo de Giges[138]. Sócrates pretende mostrar cómo las historias de los dioses que sus compañeros han escuchado desde la infancia han distorsionado sus deseos[139]. Hace hincapié en el hecho de que estos mitos deberían corresponder a la verdad

---

[135] Platón, *La República*, II.372d-374e.
[136] *Ibid.*, II.376d-III.403c.
[137] *Ibid.*, II.375a-383c.
[138] *Ibid.*, II.359c-360d.
[139] *Ibid.*, II.377a-378e.

divina[140]; deberían poseer una especie de transparencia que revele lo real[141].

Así, resulta curioso que la República se describa como basada en un mito fundacional entendido como una "mentira noble"[142]. Este mito fundacional nos dice que cada ciudadano nace con un alma de oro, plata o bronce, un alma que determinará el lugar de cada quien en la ciudad. Este mito estructura la separación entre hijos y padres y enfatiza el control de la población respecto de la vocación.

Pero como dice Sócrates, hay que distinguir un mito de otro, lo verdadero de lo falso, incluso si se trata del propio texto de Platón. Hay muchas inconsistencias. ¿Podría ser una ironía del texto? ¿Acaso nos incita implícitamente a ver este mito fundacional de la ciudad bajo la luz crítica de la pedagogía socrática —una pedagogía que subraya el hecho de que los mitos de los dioses deben permanecer fieles al carácter verdaderamente noble de lo divino—? ¿Es este mito verdaderamente noble, revela lo real y conduce a la educación ética del pueblo? Si el objetivo primordial de la educación según Sócrates es aprender a discernir las historias verdaderas de las falsas, ¿podría el mito de los metales ser una prueba para la educación? Esta sospecha se ve reforzada por el hecho de que, según el mito de los metales, se trataría de convencer a los primeros gobernantes de que su educación era un sueño y de que, en realidad, habían sido educados bajo tierra antes de ser enviados a la superficie[143]. ¿Se trata de un contrapunto a la alegoría de la caverna, donde la educación consiste precisamente en escapar de las representaciones subterráneas?

---

[140] *Ibid.*, II.379a-383c.

[141] Lambros Couloubaritsis (2003), *Aux origines de la philosophie européenne*, Bruxelles: De Boeck, p. 57.

[142] *La República*, III.414b-415d.

[143] *Ibid.*, III.414d.

Dejando de lado la intención del autor, me parece que el mito de los metales disimula el mundo tal y como se entiende hoy en día, en lugar de representarlo de forma figurada. Además, este mito apoya un régimen autoritario que no apoyaríamos en nuestro contexto. Este mito me parece no solamente sospechoso desde el punto de vista político, sino problemático desde el punto de vista ético. En el texto de Platón, podemos distinguir entre tipos de mitos: mitos que revelan y mitos que ocultan.

El registro mítico es poderoso, y precisamente por ello debemos proceder con cautela en la comprensión del mundo que comunica y de los valores que se derivan del mismo. Sin embargo, no podemos prescindir del registro mítico, si lo vemos como un vector de sentido y valores, capaz de cautivar el espíritu y movilizar la acción.

Volvamos a la cuestión de cómo se utiliza el registro mítico para comunicar el significado y el valor de una cuestión como la contaminación de los océanos, esas profundidades que (para la mayoría de nosotros) están más allá de nuestra experiencia directa. Una forma de comunicar la realidad en el registro mítico es, por supuesto, a través de las representaciones artísticas. Un ejemplo de ello es la muestra de arte aborigen presentada en Ginebra, en septiembre de 2017, vinculada con la exposición "El efecto bumerán-Las artes aborígenes de Australia" que albergará el Museo de Etnografía de Ginebra. El proyecto GhostNets de los artistas de Pormpuraaw, del estrecho de Torres, Australia, consiste en esculturas creadas a partir de redes de pesca perdidas o abandonadas, conocidas como "redes fantasma" (*ghost nets*, en inglés)[144]. Arrojadas al mar y arrastradas por las corrientes marinas, las redes fantasma son perjudiciales para la vida marina.

---

[144] http://www.artsdaustralie.com/pdf/Presentation-oeuvres-Pormpuraaw.pdf

Se ha conformado un equipo de investigadores, guardaparques, voluntarios y artistas para ayudar a lidiar con estas redes fantasma[145]. El trabajo colectivo de limpieza llevó a la creación de esculturas de animales marinos. Este movimiento artístico apunta a suscitar una toma de conciencia sobre los problemas que causa la contaminación, no solo para la ecología de los océanos, sino también para las personas que dependen del mar para su subsistencia. Aparte de los problemas económicos, muchos animales marinos afectados por la contaminación tienen un valor totémico para los pueblos aborígenes. La contaminación de los océanos supone también una amenaza para los fundamentos míticos de ciertas culturas.

La conexión entre el peligro y el significado mítico se ve acentuada por el hecho de que estos restos de redes se denominan "redes fantasma": el término no es solamente figurativo, sino sobrenatural, podría decirse que mítico. Las redes suponen un peligro real, pero este peligro también se representa de forma figurada, al igual que las criaturas míticas de otro pueblo aborigen, por ejemplo, el Qalupalik de los inuit. El Qalupalik es una criatura de aspecto humano que vive en el mar y que roba a los niños que se acercan a la orilla. El Qalupalik representa un peligro real —el ahogamiento— pero en forma de mito. Este mito pretende mantener a salvo a los niños de la comunidad comunicando un peligro de forma figurada.

El proyecto de las redes fantasma comunica un peligro concreto a través de la representación figurativa, pero en este caso la narración se dirige a un público mucho más amplio que una comunidad concreta, porque la responsabilidad ética por la seguridad de este ecosistema y de quienes dependen de él trasciende el ámbito de la comunidad aborigen. Podría decirse, además, que este proyecto va más allá de la representa-

---

[145] La siguiente información sobre la exposición de las redes fantasma fue proporcionada por el Departamento de Comunicación de la UNIGE. Véase también http://www.artsdaustralie.com/pdf/sculpture-ghostnet-aborigene.pdf

ción figurativa de un peligro concreto. El proyecto transforma sustancias nocivas en objetos que no solo sensibilizan sobre el peligro, sino que también son objetos estéticos. A través de la creación artística, los artistas encontraron una forma de transformar materiales dañinos para el océano, no limitándose a reciclarlos, sino creando objetos que pueden transmitir su mensaje para sensibilizar sobre una situación desconocida y ajena para el público objetivo. Esta concientización se desarrolla tanto a través de los sentidos como de la imaginación. Vemos las redes en su materialidad, pero también las vemos transfiguradas en representaciones de los animales a los que dañan. Y así, finalmente, el valor totémico de estos animales marinos puede resurgir a través de las creaciones artísticas que son a la vez concretas y simbólicas.

Otra forma de comunicar en el registro mítico es, por supuesto, a través de la palabra. ¿Qué palabras, metáforas o narraciones podrían ayudarnos a considerar las profundidades marinas y la contaminación plástica que las amenaza, sin oscurecer la realidad (ya sea exagerándola o minimizándola)? Por el momento, preferiría no aventurar una respuesta concreta a esta pregunta, pues, al igual que el proyecto de las redes fantasma, se requeriría una colaboración multidisciplinaria entre investigadores de diversos campos: las ciencias, las humanidades, las artes, el periodismo, etc. Por ello, me complace sobremanera poder participar en este coloquio que nos reúne y convoca como representantes de diversos ámbitos, y que me brinda la oportunidad de conocer mejor la realidad de la contaminación oceánica[146].

---

[146] Véase Sarah Stewart-Kroeker (2017), *Pilgrimage as Moral and Aesthetic Formation in Augustine's Thought*, Oxford: OUP.

ANEXO

ÉTICA DEL AGUA
PRINCIPIOS Y DIRECTRICES

Aprobado por el Consejo de Administración
de la Fundación Globethics.net

Contenido

Prefacio

A Introducción

B Cuestiones actuales en torno al agua: casos y desafíos

C Valores y principios éticos

D Ética de la innovación: soluciones que se debe tomar en cuenta

E Ética económica: bien público y valor económico de mercado

F Ética de la paz: gestión de los conflictos de interés y de los conflictos entre usuarios

G Ética de gobernanza: regulación y gestión del agua

H Ética religiosa: tradiciones y creencias espirituales y religiosas

Prefacio

La formulación de *Ética del agua: Principios y directrices*, desarrollada inicialmente bajo la dirección del Dr. Benoît Girardin por una asociación con sede en Ginebra, Workshop for Water Ethics (W4W), fue puesta a consideración de Globethics.net. El texto ha circulado desde entonces como documento de trabajo entre miembros y asociados de Globethics.net. Gracias a los comentarios de expertos en este campo, el texto se ha visto enriquecido significativamente y ha podido ser retrabajado, profundizado y ampliado. Expresamos aquí nuestro agradecimiento a los miembros de W4W (Dra. Evelyne Fiechter-Widemann, Dr. Gary Vachicouras, Dra. Annie Balet, Dr. Laurence-Isaline Stahl Graetsch y Dr. Christoph Stucki), así como al Dr. Ignace Haaz, al Prof. Emmanuel Ansah, a la Prof. Susan Lea Smith, al Prof. Christoph Stückelberger, a la Ecumenical Water Network, al Sr. Richard Helmer (que se desempeñó anteriormente como experto en el Departamento de Salud Ambiental de la OMS), a Pain Pour le Monde, a Waterpreneurs, al Comité Internacional de la Cruz Roja, a la Commonwealth of Learning y a muchos otros. La consolidación final del texto fue asumida posteriormente por su autor inicial.

El texto en inglés fue aprobado en agosto de 2019 por el Consejo de Administración de la Fundación Globethics.net.

A Introducción

El agua es esencial para todas las formas de vida. Es un elemento clave para una vida digna, así como una condición necesaria de todos los derechos del hombre, pues ningún otro derecho puede ser efectivo sin agua y sin alimento. El agua es una necesidad común crucial para todos los seres humanos y todas las formas de vida, plantas, animales, incluida la atmósfera.

Se han emitido numerosas declaraciones internacionales sobre el agua: La Declaración Universal de los Derechos del Hombre de las Naciones Unidas en 1948, artículos 3 y 25; el Pacto Internacional de Derechos Económicos, Sociales y Culturales (PIDESC), 1966, artículo 11; el Pacto Internacional de Derechos Civiles y Políticos (PIDCP), 1966, artículo 6; el Plan de Acción de Mar del Plata formulado en ocasión de la Conferencia Sobre el Agua de las Naciones unidas en 1977; los Principios de Dublín formulados en 1992 en la Conferencia Internacional de las Naciones Unidas Sobre el Agua y el Desarrollo Sostenible; el comentario núm. 15, artículo 1, y otros emitidos por el Consejo Económico y Social de las Naciones Unidas (ECOSOC) en 2002; la Resolución 64/292 sobre el acceso al agua y al saneamiento aprobada por la Asamblea General de las Naciones Unidas en 2002. De la misma manera, el agua para todos es el núcleo de los Objetivos de Desarrollo Sostenible (ODS) de las Naciones Unidas, objetivo 6.

Otras agencias de las Naciones Unidas, entre ellas la Organización Mundial de la Salud (OMS), el Fondo de las Naciones Unidas para la Infancia (UNICEF), la Organización de las Naciones Unidas para la Alimentación y la Agricultura (FAO, Directrices voluntarias relativas al derecho a una alimentación adecuada, 2005) y la Organización de las Naciones Unidas para la Educación, la Ciencia y la Cultura (UNESCO) han publicado declaraciones al respecto, sin olvidar la declaración sobre el Agua para la Vida emitida en 2006 por la Red Ecuménica del Agua, del Consejo Mundial de Iglesias, y la declaración ecuménica conjunta helvético-brasileña sobre el agua como derecho humano y bien público común de 2005.

De esta manera, Globethics.net se propone completar y profundizar estas declaraciones internacionales subrayando las consideraciones éticas relacionadas con el agua e incluyendo los aspectos prácticos y operativos de la gestión y del uso del agua.

Al enfocar su atención sobre la ética en la educación superior, Globethics.net contribuye a articular un discurso sobre el agua como un asunto multidisciplinario que afecta la vida de todos, tanto la de los estudiantes como la del personal académico y administrativo. Las consideraciones relativas al uso y la gestión del agua constituyen un tema de enseñanza y de investigación en diversas facultades, desde la agricultura hasta el medio ambiente, desde la arquitectura/hábitat hasta el urbanismo, desde la antropología y la teología hasta las ciencias políticas y económicas. Así, el agua ha sido integrada a los cursos en línea de la academia Globethics.net sobre sostenibilidad y otros temas, así como a los materiales de la biblioteca de Globethics.net y las series académicas que publica Globethics.net.

El uso sostenible de los recursos hídricos en los ámbitos local, regional o global supone una responsabilidad diferenciada y a la vez integradora de parte de todos los usuarios: individuos, unidades familiares, autoridades públicas, el sector privado y quienes toman decisiones   políticas.

B Cuestiones actuales en torno al agua: casos y desafíos

1. Toma de consciencia de todos los tipos de usuarios

Los recursos de agua potable siempre han sido limitados, insuficientes en determinados lugares, su distribución suele ser desigual y el acceso a ellos está marcado por la inequidad. La toma de consciencia del carácter generalizado de esta limitación es cada vez mayor. Cada vez son más los usuarios conscientes de que la disponibilidad de agua potable es limitada, del riesgo que las aguas contaminadas plantean para la salud, así como del hecho de que pronto agotaremos los cursos de agua, de manera que ya no podemos seguir creyendo o hacer creer que el conjunto de los recursos hídricos está simplemente disponible para todos aquellos que quieran utilizarlos. Esta toma de consciencia comprende a todos los usuarios, ya sean individuos, familias, autoridades del nivel local o regional, residentes de cuencas hidrográficas, agricultores, industriales y actores del sector privado, así como los Estados y, de manera más general, la comunidad internacional.

2. Responsabilidad y solidaridad globales

El uso del agua propicia el encuentro de los residentes de una misma cuenca hidrográfica, los habitantes de las riberas de un curso de agua o de una superficie acuática determinados, los usuarios de un mismo manantial o de un mismo pozo. Esto implica por tanto una corresponsabilidad y exige una voluntad política, así como una solidaridad geográfica. Sin embargo, dicha solidaridad ha sido y sigue siendo ignorada hoy en día por algunas comunidades ribereñas que se muestran reacias a cooperar.

3. Evolución histórica

El uso del agua ha evolucionado en el curso de los siglos, particularmente como consecuencia de sequías causadas por cambios climáticos en el pasado remoto, y más recientemente, por la industrialización, la agricultura intensiva y el crecimiento exponencial de la urbanización. Las inundaciones, las sequías y la escasez de agua se han visto atenuadas gracias a la construcción de represas y diques de protección. Los eventos extremos como las inundaciones, las sequías y la contaminación han suscitado la necesidad de una mejor gestión de los recursos hídricos, de regular los flujos y de una mejor capacidad de respuesta para enfrentar los desastres relacionados con el agua. No obstante, estas medidas paliativas, así como las intervenciones, han resultado ser manifiestamente inadecuadas y su implementación se ha visto retardada por capacidades insuficientes.

4. Diferencias de mentalidad. Despilfarro e ignorancia

Algunos de los problemas actuales están vinculados a las mentalidades moldeadas por tradiciones, percepciones y valores culturales marcados por un contexto rural o urbano de escasez relativa. Estas mentalidades no están adecuadamente adaptadas al contexto presente de una distribución del agua a través de redes, tuberías y grifos con una presión regular –dicho de otro modo, en condiciones de abundancia relativa–. Prueba de esto es el uso desmedido del agua en las redes urbanas, la irrigación excesiva en la agricultura y ciertos casos de sobreconsumo industrial, así como una toma de consciencia deficiente acerca del hecho de que todo uso requiere tratamiento. Adicionalmente, cabe mencionar la persistencia de modelos tradicionales arcaicos que atribuyen a las mujeres las pesadas tareas del aprovisionamiento, la cocina y el lavado, mientras que la navegación, la pesca y la irrigación son tareas esencialmente masculinas.

5. Complejidad y fragilidad. Exposición y vulnerabilidad

Hoy en día queda más claro que el agua es parte de un sistema sumamente complejo y relativamente frágil. Se comprende mejor que los ciclos del agua deben considerarse en el sentido en que fluye la corriente: de arriba hacia abajo, de la extracción de los manantiales o aguas subterráneas al tratamiento de aguas residuales y del agua contaminada. Debido a las dramáticas consecuencias de la contaminación o simplemente del transporte de patógenos, la difusión de microcontaminantes o de microplásticos, la importancia del agua en la cadena alimentaria es claramente mejor comprendida ahora que en el pasado.

6. Sobreexplotación del recurso y esfuerzos por limitarla

La demanda creciente de agua debida a la urbanización y al crecimiento demográfico, así como a la agricultura intensiva y la industria, la energía hidroeléctrica y otros usos ha ejercido una fuerte presión sobre este recurso. Esto podría ayudar a diferenciar mejor cómo se valoriza el agua según sea su origen: si proviene de capas freáticas o de drenaje, si ha sido extraída de lagos, de ríos, de pantanos o del mar, es decir, desalinizada. Con demasiada frecuencia se destina agua potable para la agricultura, la irrigación e industrias que bien podrían emplear aguas reutilizadas.

7. Esfuerzos tecnológicos y económicos para limitar la sobreexplotación del agua

En términos del uso de recursos, se percibe una tendencia a disociar e inclusive a separar los usos específicos del agua potable, el aseo y el lavado de ropa y la limpieza frente al agua que se usa para los sanitarios, para refrigeración o calefacción, para el transporte o para la generación de electricidad. Así, es necesario optimizar aún más la recuperación del agua usada. La separación de las aguas residuales de las aguas cloacales deberá contribuir a un uso más eficiente. El tratamiento de las aguas residuales contribuye a incrementar sustancialmente el volumen de las aguas residuales disponibles. Se puede introducir soluciones tecnológicas para detectar fugas de agua, así como para medir y facturar el uso de agua de una manera más eficiente y a la vez más equitativa.

8. *Dimensiones política e internacional del agua*

En el pasado, la gestión de los recursos hídricos ha dado lugar a conflictos frecuentes, tanto entre familias de una misma aldea como entre ribereños de un mismo curso de agua o lago, entre aglomeraciones rurales y urbanas, regiones o Estados situados río arriba o río abajo. El potencial de conflicto es elevado y ciertos observadores predicen actualmente que los conflictos futuros tendrán sus raíces en la manera en que gestione el acceso al recurso agua. En la actualidad, numerosas regiones se ven afectadas por conflictos relacionados con el agua. El acceso al agua tiene así una dimensión política, tanto en el ámbito local como en el nacional, a través de la manera en que las prioridades entre los usuarios se negocian o son impuestas por los más fuertes.

El agua tiene asimismo una dimensión internacional por el hecho de que muchos cursos de agua y acuíferos atraviesan varios países y que la contaminación causada por uno de ellos puede afectar a los otros. Se puede añadir una dimensión internacional relacionada con el hecho de que la erosión resultante de la deforestación, la contaminación de los cursos de agua, del mar y de los océanos, el calentamiento global y el consiguiente deshielo de los glaciares exceden la responsabilidad de los países ribereños y conciernen a toda la comunidad internacional.

Aunque la huella hídrica[147] puede definirse fácilmente en el ámbito local, el efecto extendido del uso, o abuso, del agua presenta también una dimensión internacional cuando los cultivos o la crianza de ganado que emplean una cantidad considerable de agua localmente son exportados por países que sufren escasez de agua a países dotados de agua abundante. El daño debido a la escasez de agua no es igual en todos

---

[147] La huella hídrica es el volumen total de agua dulce utilizada directa o indirectamente en la producción de una cantidad determinada de un producto en un lugar, país o región determinados. Véanse, más abajo, las secciones 13 y 30 (nota del traductor).

terrenos y territorios. Es necesario desarrollar un sistema internacional que restablezca el equilibrio, así como medidas correctivas específicas para garantizar mayor equidad.

9. Dimensión religiosa del agua

El agua es un elemento clave para todas las religiones mundiales. El agua es un símbolo de la vida, de renovación y purificación. Se la usa como símbolo en ritos como el bautismo, las abluciones y en cierta medida se la considera sagrada. Esto aparece en numerosos relatos y mitos en los cuales se asocia el agua con la vida o el peligro, así como en ritos de purificación y de bendición en las religiones ancestrales, como las prácticas de baño del hinduismo en el Ganges, el bautismo cristiano, las abluciones previas al rezo entre los musulmanes, la aspersión en el judaísmo y el sijismo. En las religiones tradicionales africanas, los cursos de agua y los lagos son a menudo lugar de residencia de diosas o dioses y en el hinduismo estatuas de diosas o dioses se sumergen en el agua.

C Valores y principios éticos

El agua, su uso, su distribución, gestión, tratamiento, reciclado y reutilización deberán estar informados y guiados por valores y principios. Así como el agua constituye una necesidad común a todos los seres humanos y todas las formas de vida –plantas, animales y la atmósfera incluidos–, la ética del agua forma parte de la ética global, que es transversal a culturas y religiones.

10. Valores éticos

La ética del agua debe asentarse en valores tales como la *equidad* – proporcionando el agua, esa necesidad básica, de manera justa, imparcial e inclusiva , la *igualdad* a través de un acceso asequible al agua[148]–, la *libertad* –del acceso–, la *responsabilidad* –por ejemplo, en su uso y reciclado–, la *paz* –por ejemplo, en los mecanismos de distribución–, el *respeto*, la *inclusividad* y la *comunidad* –en el reparto de los recursos de agua limitados–, la *solidaridad* y la *sostenibilidad* –en la preservación a largo plazo del acceso al agua– entre otros.

La ética del agua es relevante en diversos dominios de la ética como la ética empresarial, la ética política, la ética ambiental, la bioética, la ética de la innovación, la ética de la innovación, la ética de las tecnologías, la ciberética, etc.

11. Principios éticos

La gestión del agua debe respetar los principios éticos de sostenibilidad, justicia, equidad de los derechos de acceso, responsabilidad y solidaridad. Esos valores enmarcan y facilitan la gestión pacífica de los recursos hídricos, por ejemplo, en los casos de conflicto de intereses, en el sentido de promover una sensación de seguridad y de propiciar derechos equitativos entre los actores involucrados, así como como un uso económico y austero del recurso. Una dimensión clave de su implementación descansa en la gobernanza y el proceso de tomar en cuenta las necesidades de los diversos usuarios.

11.1 Principio de justicia en el acceso para todos a un mínimo vital de agua

Los Estados deben priorizar el acceso de las comunidades al agua potable sobre otros usos, y asegurar así que la gestión del agua y la infraestructura sean lo suficientemente robustas y adecuadamente

---

[148] Véanse las publicaciones de Globethics.net: *Global Ethics for Leadership, Values and Virtues for Life*, 2016 (Global Series 13); Christoph Stueckelberger, 2009 *Das Menschenrechte auf Nahrung und Wasser. Eine ethische Priorität* (El derecho humano a la alimentación y al agua. Una prioridad ética), Focus Series 1; *Principles on Equality and Inequality for a Sustainable Economy*, 2015 (Texts Series 5).

mantenidas, así como diferenciar el agua según si es potable o no. Se debe maximizar el uso de agua reutilizada para otros usos.

Las autoridades públicas deben garantizar que el precio del agua suministrada se base en la utilización correcta de los medidores, que sea accesible y asequible para todos los grupos –incluidos los más vulnerables, los desfavorecidos, las mujeres y los niños–, así como asegurarse de que los grupos minoritarios no sean discriminados.

11.2 Principio de sostenibilidad y responsabilidad en la protección del recurso

La gestión del agua debe seguir el principio de sostenibilidad, a fin de evitar la sobreexplotación y evitar asimismo alcanzar un umbral de agotamiento a partir del cual resulte imposible su recuperación, enmarcando en cambio la distribución sobre la base de la disponibilidad del recurso. Se debe evitar la contaminación y cualquier daño causado por agentes contaminantes ha de ser mitigado y tratado eficazmente con la mayor urgencia. La sostenibilidad comprende también la capacidad de regeneración del recurso, que también se conoce como la resiliencia de los ecosistemas acuáticos.

Es necesario implementar, en todos los niveles de la sociedad, el uso dual, las estrategias y las iniciativas de reciclado y de reutilización del agua.

Asimismo, es necesario implementar las estructuras de gestión y las estrategias orientadas a proteger y conservar el recurso para garantizar su sostenibilidad.

11.3 Principio de derechos equitativos al acceso al agua potable y de la responsabilidad de protegerlo

El acceso al agua potable limpia ha sido reconocido en 2010 por la Asamblea General de las Naciones Unidas y el Consejo de los Derechos del Hombre. Cualquier persona en cualquier lugar deberá tener un acceso equitativo al agua potable limpia y segura.

Los gobiernos, el sector privado, la sociedad civil y los usuarios del agua deben compartir esta responsabilidad de "no marginar ni dejar de lado a nadie". Los riesgos de dejar de lado a los pequeños campesinos, a los pequeños ganaderos, no pueden ser ignorados; es necesario establecer controles y medidas correctivas.

Se deben definir los términos de implementación correspondientes, incluidos los acuerdos administrativos y los arbitrajes relativos a la asignación entre usuarios.

11.4 Principio de austeridad

La austeridad en el uso del agua por los individuos, las familias, los hogares y las instituciones es algo que debe ser estimulado. Se deberá establecer incentivos económicos y financieros al efecto, además de instrumentos administrativos para penalizar el uso abusivo del agua, así como favorecer una utilización austera de este recurso y excluir la posibilidad de que el consumo elevado de agua sea una opción atractiva o viable. Esto requiere promover cambios en los comportamientos y en el desarrollo y la introducción de infraestructura, instalaciones, equipamiento y tecnologías diseñados para optimizar el uso del agua.

D Ética de la innovación: Soluciones que se debe tomar en cuenta

12. Soluciones técnicas

La capacidad para reciclar las aguas contaminadas, residuales, salinas o salobres se ha elevado notoriamente en los últimos decenios. Las innovaciones –particularmente en el campo de las membranas filtrantes, el de la ionización, la ósmosis doble, la oxigenación y otros– son muy prometedoras y requieren de mejoras adicionales, así como de la libre difusión de los resultados de las investigaciones.

De manera similar, las técnicas destinadas a conservar el agua o reducir su demanda en la agricultura y en las industrias y a diferenciar de manera más efectiva entre la oferta de agua potable y no potable y las aguas residuales requieren de un mayor refinamiento. Las tecnologías para detectar las fugas de agua en tuberías y medidores de agua domésticos, conjuntamente con facturas basadas en medidores de agua pueden incrementar sustancialmente la eficiencia y disminuir la corrupción en la gestión del agua.

Las innovaciones relacionadas con cultivos que requieren menos agua representan un incentivo para que la agricultura se adapte a un volumen cada vez menor de agua disponible.

El reemplazo de cultivos más intensivos en agua por otros que requieran menos agua –por ejemplo, reemplazar el arroz por el mijo o el maíz por el sorgo– no carece de importancia. Esto requiere de investigaciones adicionales respecto de su factibilidad y de su aceptación por parte de productores y consumidores.

13. Innovación científica

Es necesario profundizar la investigación sobre la medición de la huella hídrica captada y procesada localmente, así como la huella hídrica de los bienes producidos con cantidades de agua determinadas y exportados entre regiones que comparten distintos grados de escasez de agua a través del comercio internacional de mercancías. Esto debería permitir la disponibilidad de los instrumentos adecuados para atribuir una huella hídrica de escasez a las distintas regiones que pueda definirse en el nivel nacional o a través de negociaciones internacionales.

Es menester articular y especificar con mayor detalle un conjunto de criterios que permitan evaluar las diversas reivindicaciones expresadas por usuarios y actores involucrados en términos de equidad, efectividad, sostenibilidad, solidaridad e inclusión. Del mismo modo, es imprescindible identificar, testar, analizar, documentar y difundir los mecanismos que garanticen una adecuada aceptación de los valores asignados por parte de todos los involucrados. Las investigaciones ulteriores deberán enfocarse además en la factibilidad de los cambios de comportamiento y sus beneficios positivos, a fin de propiciar la adaptación de costumbres cotidianas, tanto las ancestrales como las modernas, vinculadas al uso del agua.

14. Innovación institucional

Es necesario que los procesos exitosos de negociación orientados a lograr una asignación justa entre los actores involucrados sean analizados, documentados y luego compartidos. Será conveniente analizar y documentar con mayor profundidad los mecanismos para evitar las trampas, y también los orientados a establecer incentivos que propicien un uso del agua a la vez sostenible y austero. Una vez verificadas, las buenas prácticas deberán ser difundidas y habrá que hacer efectivos los medios necesarios para poner en práctica lo aprendido. A las autoridades estatales responsables de la gestión del agua les corresponde desempeñar aquí un papel decisivo, por lo que deberán reforzar la transparencia de los procesos de licitación y los mecanismos anticorrupción.

15. Ética de la innovación

La innovación debe alinearse con la responsabilidad y satisfacer las exigencias éticas del intercambio abierto. Debe estructurarse con referencia a datos objetivos, someterse a una verificación basada en los datos de la realidad, adoptar metodologías sólidas, estar abierta a debates francos y anteponer el bien común a los intereses de las distintas partes.

E Ética económica: bien público y valor económico de mercado

16. El agua gratuita: un riesgo potencial de mal uso

El agua es fundamentalmente un bien público, pero tiene asimismo un valor económico, que está determinado por su grado de escasez o abundancia, su calidad, las variaciones estacionales, las infraestructuras necesarias para su distribución, así como las necesidades –mutuamente competitivas– de los residentes locales, de la industria y de la agricultura en las diversas regiones del planeta. Cuando el agua es simplemente gratuita, la puerta está abierta de par en par a usos dispendiosos –grifos abiertos de los que chorrea agua sin interrupción, pérdidas irrecuperables– o a que los recursos hídricos se vean acaparados para el uso exclusivo de los más poderosos o influyentes, sin tomar en cuenta límite alguno ni los costos ambientales ni a las "comunidades locales".

17. El costo del agua

El agua en sí carece de precio, pero su consumo tiene un costo real, incluyendo las inversiones destinadas a su extracción, embalse, filtrado, canalización, transporte por tuberías, la adquisición de instrumentos para medir su calidad o el volumen consumido, el equipamiento para reducir el desperdicio y las pérdidas, para recuperar las aguas residuales, su tratamiento y reciclado, así como los costos administrativos necesarios para su gestión, ya sea a cargo de instancias públicas o subcontratada a una entidad privada o a una asociación. Todo esto implica inversiones y gastos de mantenimiento, además de gastos de investigación y para la expansión o el desarrollo de nuevas modalidades de uso orientadas al ahorro en el consumo.

18. Cálculo del precio del agua

El precio del agua deberá ser calculado de la manera más transparente posible, tomando en cuenta todos los costos involucrados: las inversiones iniciales, operación y mantenimiento, nuevas inversiones, así como investigación y desarrollo, mostrando los márgenes de beneficio obtenidos por el operador, si los hubiere. Este precio "real" puede ser aceptado fácilmente por todos los usuarios puesto que estos se benefician efectivamente de un agua de calidad, tomando en cuenta el ahorro conseguido en el costo de purificar el agua y el tratamiento de las enfermedades transmitidas por el agua. Esto supone que el volumen de agua consumida puede ser medido y facturado, y que la estructura tarifaria y de las franjas de consumo se establecen de una manera clara y directa.

19. Incentivar un uso económico del agua

El hecho de facturar el precio del agua sobre la base del volumen consumido puede funcionar fácilmente como un estímulo para una utilización más austera del agua, así como para un ahorro de energía. Esto es válido tanto para los sistemas públicos de suministro de agua como para aquellos informales de distribución por bidones. La práctica de fijar tarifas más altas a las franjas de consumo más elevado de agua – que penaliza y desincentiva el sobreconsumo– ha demostrado ser una herramienta eficaz a ese respecto. Las nuevas tecnologías para el pago de las facturas, como aquellas parecidas a los cajeros automáticos, combinadas con cupones o bonos de agua y el pago instantáneo a través del teléfono móvil, son métodos de bajo costo para incrementar la accesibilidad del agua, haciéndola también más asequible.

20. El principio de "el que contamina paga"

Los costos relacionados con la descontaminación, o al menos a la contención de la contaminación deben recaer sobre los causantes de dicha contaminación. Únicamente en caso de que sea imposible identificar a los responsables se procederá a solicitar fondos públicos o donaciones.

21. Subsidios o bonos para subvencionar las necesidades de los más pobres: un imperativo para los decisores

Corresponde a quienes toman decisiones de política el fijar el límite de posibles subvenciones o "bonos" para los grupos menos favorecidos, así como establecer sistemas de compensación que permitan la asignación y la medición de dichos subsidios. Análogamente, deberán asumir la responsabilidad de establecer los criterios de modulación de los precios de acuerdo con el nivel de consumo, en el marco de una diferenciación entre los grandes consumidores (industrias, instituciones, irrigación) y el uso más modesto de las unidades domésticas y pequeñas empresas. Los decisores políticos deberán implementar todo esto tomando en cuenta los principios de la recuperación de costos dentro del presupuesto general del sistema de acopio y tratamiento del agua, así como priorizando el uso del agua potable para usuarios individuales e incentivando el ahorro en el consumo.

22. Infraestructura del agua: instalación, mantenimiento y renovación

Los costos de construcción de la infraestructura designada para extraer y recolectar el agua, proteger las fuentes, tratar y almacenar el agua, tales como represas y reservorios, son muy elevados y a veces es preciso recurrir a préstamos o subvenciones que será necesario pagar en un plazo determinado. Otros costos similares conciernen a la infraestructura necesaria para mantener una presión regular en la red, la recolección, el tratamiento y eventualmente el reciclado de aguas residuales. Aparte de los costos de construcción, es necesario mantener y renovar la infraestructura. También es necesario ampliar la red de tuberías y remplazarla cuando se detectan fugas. Una planificación pre-supuestaria responsable deberá tomar en cuenta los costos de amortiza-ción, de mantenimiento y de reposición.

F Ética de la paz: gestión de los conflictos de interés y de los conflictos entre usuarios

23. Volumen de agua disponible: cuando la demanda conjunta de muchos usuarios excede la oferta

Los conflictos de interés entre distintos tipos de uso y los conflictos entre usuarios están presentes en toda forma de acceso al agua por parte de grupos humanos. Los miembros de un hogar esperan poder beber agua, cocinar su comida, lavarse –a sí mismos y su ropa– y evacuar el agua que han usado. Los agricultores desean regar sus cultivos en el momento oportuno. Las industrias esperan poder humidificar sus productos, utilizar el agua para limpiar, refrigerar o calentar sus instalaciones durante el proceso de producción. Los pescadores quieren alguna garantía de que los cursos de agua no serán desviados ni trasvasados hasta secarse. A los bateleros y a los que viven del transporte de pasajeros y mercaderías por vía fluvial les preocupa que el nivel del agua de los ríos baje y les impida la navegación o les obligue a reducir la carga de sus botes. Las ciudades intentan evitar epidemias causadas por infecciones transmitidas por el agua, así como administrar recursos y asegurar el suministro a sus residentes, industrias y fuentes públicas, limpiar las vías públicas regar los parques y garantizar el funcionamiento de los hidrantes y los cuerpos de bomberos. Es difícil satisfacer todas estas demandas al mismo tiempo en los volúmenes esperados.

24. Difusión de la contaminación de las aguas de superficie y de los acuíferos

Asimismo, pueden surgir conflictos en torno a la calidad del agua, como se puede ver en el caso de los ríos contaminados. Esto puede afectar tanto a las aguas de superficie como a las aguas subterráneas, que también se denominan acuíferos. El agua tiene la característica de facilitar una rápida difusión y expansión de la contaminación, a diferencia de los suelos, donde se la puede aislar, circunscribir y controlar más fácilmente.

25. *El agua como arma*

En ciertos casos, el agua puede convertirse inclusive en un arma de presión, de chantaje o de amenaza de un grupo contra otro, especialmente de grupos que viven corriente arriba contra los que viven corriente abajo o de grupos que viven en la orilla de un mismo lago contra otras regiones ribereñas. El agua puede ser utilizada por grupos terroristas o hasta regímenes en guerra. El envenenamiento deliberado de los manantiales o ríos es una práctica ancestral, una práctica que se sigue utilizando todavía como arma de guerra.

26. *Arbitraje entre diferentes usuarios*

No se trata principalmente de la posibilidad de evitar los conflictos sino de la manera óptima de gestionarlos. La gestión de los conflictos relacionados con el agua implica en primer lugar el reconocimiento de que estos existen y en segundo lugar que se efectúe una evaluación de los recursos disponibles en el corto, el mediano y el largo plazo, que luego deberá comunicarse a todas las partes involucradas, en una perspectiva de encontrar una solución y de resolución de conflictos.

Es importante identificar a la autoridad más neutral posible –o al menos la más independiente de cara a los intereses particulares o corporativos– y que se declare dispuesta a arbitrar las disputas. A continuación, las partes deberán considerar las necesidades e intereses de los diferentes actores involucrados y usuarios (unidades domésticas, industrias, agricultores, comunidades) y trabajar en la búsqueda de un consenso. Para alcanzarlo, es preciso que haya una convergencia respecto a la manera de priorizar y ponderar las necesidades de los usuarios, en un marco de eficacia, transparencia y rendición de cuentas. Por consiguiente, se podrá avanzar en el grado de flexibilidad en términos de oportunidad temporal y estacional según el tipo de usuarios. Para los acuerdos sobre lagos y cursos de agua transfronterizos se deberá adoptar el mismo procedimiento.[149]

27. El carácter prioritario de la evaluación de los volúmenes de agua disponibles

La primera y principal cuestión que abordará la evaluación es el volumen de agua potable disponible en relación con el volumen de agua que no es necesariamente potable, tomando en cuenta las variaciones estacionales de ambas.

28. Promoción de un debate abierto e informado

Posteriormente es esencial que los principios fundamentales de gestión de los recursos hídricos sean definidos por las autoridades públicas y no por los tecnócratas, y que las contribuciones solicitadas a los expertos se limiten a establecer los procedimientos de gestión del agua y a evaluar las consecuencias de las opciones escogidas. Los criterios para valuar y priorizar las distintas necesidades deberán definirse por medio de un debate abierto e informado. Será preciso explicitar y tener a raya los intereses particulares y corporativos. Con demasiada frecuencia se concede a los expertos un poder excesivo, lo que entraña el riesgo de abrir de par en par la puerta a una corrupción dirigida.

29. Escasez del recurso y consumo razonable

Paradójicamente, el hecho de reconocer la escasez del recurso facilita el proceso de priorización y de distribución global. En la medida en que se perciba el recurso como ilimitado, una priorización parecería algo artificial e innecesario, y los usuarios se muestran poco inclinados a reducir su consumo.

---

[149] Véase el estudio sobre la región de los Grandes Lagos publicada por Globethics.net: Lucien Wand'Arhasima 2015, *La gouvernance éthique des ressources en eaux transfrontalières. Le cas du lac Tanganyika en Afrique*, Globethics.net Focus 25.

30. El costo del agua virtual considerado integralmente en el comercio internacional e interregional

En lo que concierne al agua corriente consumida en el cultivo de productos agrícolas y en la cría de ganado destinados al comercio interregional e internacional, la huella de escasez hídrica resultante deberá ser adecuadamente cuantificada por los países exportadores y reconocida por los países importadores. Los costos derivados de la deforestación, de la degradación del suelo, el agotamiento de las napas freáticas y la disminución de la biodiversidad no pueden ser ignorados ni minimizados. Tanto la sostenibilidad integral como el daño causado a los pequeños campesinos vulnerables deben ser tomados en consideración de manera adecuada, y esto deberá reflejarse como un elemento constitutivo e infaltable de todos los acuerdos comerciales internacionales.

G Ética de gobernanza: regulación y gestión del agua

31. Debates generales sobre el agua

Las autoridades políticas regionales y nacionales tienen el máximo interés en convocar debates generales sobre el agua, invitando a representantes de todos los usuarios y actores involucrados a sentarse alrededor de la misma mesa. El propósito sería el de estar informados respecto de los recursos presentes y futuros, regionales y nacionales, así como de las cantidades consumidas o demandadas por los diferentes grupos de usuarios, unidades domésticas e individuos, firmas e industrias, agricultores, transportistas por vía fluvial o lacustre, pescadores y entidades públicas, incluidos los cuerpos de bomberos. El diagnóstico definido por este tipo de plataformas con actores múltiples deberá ser registrado y documentado con tanta precisión como sea posible. Análogamente, las variaciones estacionales, así como los registros históricos y las tendencias prospectivas, deberán registrarse y tomarse en consideración.

32. Hacia una tolerancia cero de la corrupción

La corrupción vinculada a la asignación de cuotas de agua, a los proyectos de infraestructura del agua, a la legislación sobre el agua, etc. no solo provoca la aparición de importantes brechas que comprometen la equidad y la sostenibilidad, sino que conlleva el dispendio y un uso no racional o antieconómico del recurso. Por consiguiente, las autoridades locales, regionales y nacionales deberán adoptar como su prioridad la reducción de la impunidad al mínimo e imponer sanciones drásticas a los abusos; en otras palabras, deberán adoptar una política de tolerancia cero frente a la corrupción.

33. Modalidad de gestión debatida y adoptada a partir de una alternativa consensual con una decisión mayoritaria

Es imperativo contar con un conjunto de criterios fundamentales relacionados con la gestión del agua identificados y aprobados unánimemente por la totalidad de la plataforma que integra a los múltiples actores involucrados. Los criterios principales hacen referencia a la igualdad de acceso, a la sostenibilidad y al potencial de reciclaje, a la producción y el crecimiento, al potencial de anticipar los cambios y adaptarse a ellos, los impactos de la contaminación y los efectos que exacerban las rupturas climáticas. Los riesgos relacionados con la escasez y las interrupciones del suministro deberán ser debatidos y evaluados por la plataforma. La evaluación de todos esos valores y riesgos se hace efectiva, si no por consenso, al menos por una mayoría cualificada de los participantes. De esa manera, el marco del sistema de gestión puede ser asumido y apropiado por todos los actores involucrados.

Una jerarquía como esta permite enfrentar situaciones de escasez y de competencia exacerbada entre usuarios, en función de cambios estacionales y de contexto. No se trata de una cura milagrosa sino de disponer de una gobernanza que permite absorber los *shocks*, anticipar los conflictos excesivamente destructivos y castigar a los que no cumplen las reglas. Presenta la ventaja de ser dinámica, flexible, adaptativa e innovativa.

34. Sistema justo y creíble para la resolución de divergencias

Los gobiernos deben representar los intereses del conjunto de la población de un país o de una entidad legal político-administrativa, así como del medio ambiente. Deben respetar también los intereses de los seres humanos y del medio ambiente en los países vecinos. Así, cuando los Estados actúan como árbitros neutrales, invitando a los actores involucrados a formar parte de las plataformas inclusivas y alentando a cada individuo a asumir con realismo el respeto de las necesidades de los otros, refuerzan las interdependencias entre los diversos usos y los grupos de usuarios. De esta manera, los Estados refuerzan los fundamentos de la solidaridad. Los Estados deben garantizar un rigor metódico y que cada actor sea escuchado. Están bien situados para poner de relieve los términos del arbitraje y ponderar los intereses respectivos. Los Estados comprometidos y que asumen sus responsabilidades como decisores pueden capitalizar al máximo las convergencias y la comprensión de los intereses en pugna. Los Estados deben tener en mente que la corrupción que favorece los intereses de un solo grupo rompe la confianza que se requiere para la puesta en marcha del proceso, así como la necesidad de comprometerse con una postura de tolerancia cero a la corrupción.

35. Decisiones tomadas que deben implementarse bajo pena de sanciones

Los Estados garantizan el establecimiento y puesta en marcha de un marco legal dentro del cual los correctivos y las sanciones sean aplicadas a los infractores por un sistema judicial tan imparcial como sea posible. Así, todos los actores involucrados pueden desarrollar una sólida confianza en el sistema judicial y constatar que los riesgos de antagonismos violentos sean minimizados.

36. *Enfoque holístico e interdisciplinario que se debe promover en el ámbito local*

Los Estados garantizan asimismo que las diferentes dimensiones de la gestión del agua –técnica, social, legal, ecológica– formen parte de un enfoque holístico y que su carácter interdisciplinario quede asegurado por el apoyo de diversos especialistas y representantes de las comunidades. Esto evita un enfoque exclusivamente técnico y evita el que se planteen las cuestiones sobre el uso y la distribución del agua en términos puramente tecnocráticos.

37. *Enfoque holístico e interdisciplinario que se debe promover en el ámbito internacional*

Su puede adoptar un enfoque similar en el caso de la gestión del agua en un contexto internacional. El papel de árbitro podría delegarse a una instancia internacional (Unión Europea, Unión Africana, cooperación regional) o a las Naciones Unidas. Existen alianzas multiactores muy promisorias (por ejemplo, las establecidas por el Programa de las Naciones Unidas para el Medio Ambiente) y es necesario fortalecerlas, como la Alianza por la Economía Circular, el Global Wastewater Fund (Fondo Global para las Aguas Usadas), la Agencia del Agua del Pacto Global o Pacto Mundial de las Naciones Unidas, y otras.

H Ética religiosa: tradiciones y creencias espirituales y religiosas

38. *Importancia simbólica del agua*

Las principales tradiciones espirituales reconocen la importancia simbólica del agua con respecto a la purificación y la regeneración, además de su utilidad general (véase la sección 8 más arriba).

39. Referencias a las religiones mundiales

Las religiones mundiales hablan del don de regar la tierra para fertilizarla, para permitirle engendrar su fruto y regenerarse (Biblia: Génesis 1; Job 5:10; Corán: suras 21,30; 22,63; 24, 45). No obstante, también se la considera como un peligro real y potencial en los eventos de inundaciones (Biblia: Génesis 8; Jonás 1). Se dice que el dios hindú Narayana habita sobre el agua; en el budismo, Bodhisattva está sentado sobre el loto, una planta acuática. El taoísmo compara el sendero del hombre hacia la vida con una corriente de agua (Zhuangzi 19/ i /49-54). En las visiones del mundo de la Grecia antigua y del África, las diosas residen a menudo en los mares, los lagos o los ríos.

Muchas religiones subrayan la importancia de la purificación por el agua. El hinduismo considera los ríos, particularmente el Ganges, como sagrados. El agua está asociada a la purificación en los ritos de lavado israelitas y en los ritos musulmanes relacionados con la muerte, así como aquellos relacionados con la conversión o la regeneración en el bautismo y las bendiciones cristianos. En el islam las abluciones constituyen el primer paso de las cinco plegarias cotidianas. Los ritos sintoístas como el *misogi* están referidos al agua. Los principales lugares sagrados del sijismo y del hinduismo tienen un vínculo a estanques de agua en los que se llevan a cabo los ritos de purificación. Las religiones monoteístas se refieren al agua como un don divino y enfatizan el uso respetuoso y la gestión adecuada de este recurso.

40. El deber de dar agua al que tiene sed

Las religiones abrahámicas y dhármicas subrayan regularmente el deber de dar agua al sediento. En ningún lugar de los textos sagrados se justifica el hecho de negar agua a aquellos que tienen sed. Toda privación de agua está prohibida, y ni siquiera al enemigo se puede privar de agua (Biblia: Proverbios 25:21; Romanos 12:20; Sahih al-Bujari, hadiz 3838), la sed debe ser saciada.

41. Llamado a la mayordomía

El judaísmo, el cristianismo y el islam subrayan la responsabilidad de la humanidad con respecto a la mayordomía respetuosa y la custodia del agua en cuanto recurso y bien público.

42. Falta de atención al "socius"

Aunque las tradiciones espirituales y religiosas reconocen la sed del prójimo y establecen la obligación de saciar la sed del prójimo, estas no han asumido realmente el valor económico del agua y han subestimado la dimensión de los costos y los mercados. Se ha minimizado la importancia de alcanzar un valor comercial justo para el agua, lo que podría abrir el camino a la sobreexplotación o la contaminación siguiendo la lógica del poder y la irresponsabilidad. Es importante tener en cuenta las "solidaridades objetivas" con los demás o las "solidaridades mediatizadas" con otros seres humanos a los que no veremos nunca, pero con los cuales compartimos el agua de una misma cuenca, los mismos sistemas, redes e instituciones.

43. Conclusión

Tanto los Estados como las autoridades locales, así como las voces religiosas, académicas, del sector privado, de la sociedad civil y de los individuos deben hacer un llamado a un uso responsable, respetuoso y sostenible del agua, a actuar concertadamente y asumir recíprocamente el reto de compartir el agua en mejores condiciones efectivas de sostenibilidad y equidad.

***

LAS Y LOS AUTORES

Se ofrece a continuación la lista de las personas cuyos textos reúne esta publicacón, siguiendo el orden en que aparecen sus contribuciones.

Annie Balet es doctora en ecofisiología por la Facultad de Ciencias de Orsay (Paris-Sud). Trabajó sobre el metabolismo y la ultraestructura de las plantas en reacción a los cambios ambientales. Posteriormente, enseñó biología en la escuela secundaria, sensibilizando a los estudiantes para que asociaran las cuestiones medioambientales y humanitarias. Ayudó a organizar seminarios informales de una semana de duración sobre el desarrollo sostenible. [Capítulos 2, 6]

Julia Bertret es ingeniera medioambiental con una maestría en emprendimiento por HEC (Hautes Études Commerciales) de París. Tras iniciar su carrera como consultora de estrategia medioambiental, dirigió el departamento de innovación abierta de Veolia Environnement. Desde 2017, ha dedicado su energía a desarrollar fWE, cuyo objetivo es ofrecer nuevos modelos de financiamiento de infraestructuras relacionadas con el medio ambiente para acelerar la transición ecológica. [Capítulo 13]

Laurence Boisson de Chazournes es profesora de la Facultad de Derecho de la Universidad de Ginebra. Como asesora principal del departamento jurídico del Banco Mundial (1995-1999), colaboró con otras organizaciones internacionales. Es experta en derecho internacional, solución de controversias (CIJ, OMC e inversiones) y derecho ambiental. Es autora de numerosas publicaciones relacionadas sobre todo con el derecho ambiental internacional y la protección y gestión del agua. [Capítulo 4]

Daniela Diz tiene una formación interdisciplinaria en derecho ambiental internacional, ciencias del mar y gestión de ecosistemas. Es miembro del Strathclyde Centre for Environmental Law and Governance de la Universidad de Strathclyde, que explora la evolución del derecho internacional en la gobernanza de mares y océanos. Ha trabajado para el gobierno brasileño como abogada medioambiental y para WWF Canadá como responsable de la política marítima. Como investigadora del Programa de Servicios Ecosistémicos para la Reducción de la Pobreza (ESPA), estudia el reparto justo y equitativo de los beneficios en el medio marino, especialmente en el derecho y la política pesquera internacional. [Capítulo 21]

François Dermange es profesor de ética en la Facultad de Teología de la Universidad de Ginebra. Centra sus investigaciones en la tradición ética protestante, así como en la ética de la economía y el desarrollo sostenible. Inicialmente cursó estudios comerciales en HEC París y trabajó como asesor en la empresa consultora de auditoría Arthur Andersen. [Capítulo 29]

Emmanuel de Lutzel es el responsable de microfinanzas del grupo BNP Paribas. Desde 2007 ha desarrollado una cartera de microfinanzas para el banco, en ocho países y con 17 instituciones de microfinanzas, por un total de 50 millones de euros, llegando a 350.000 microempresarios. Ha contribuido a elaborar un nuevo marco reglamentario para los fondos de microfinanzas en Francia y en Europa. [Capítulo 10]

Renaud de Watteville, de formación piloto profesional de aviación, es el fundador de Swiss Fresh Water SA, que ha desarrollado un sistema de desalinización descentralizado de bajo costo destinado a las poblaciones de bajos ingresos. [Capítulo 9]

Evelyne Fiechter-Widemann es miembro honorario del Colegio de Abogados de Ginebra y tiene una maestría en Jurisprudencia Comparada por la Universidad de Nueva York. Tras obtener un doctorado en teología en la Universidad de Ginebra en 2015, prosigue su investigación sobre la ética global del agua en Singapur. Ha sido jueza adjunta en una comisión judicial del Tribunal Administrativo de Ginebra (CRUNI) y ha enseñado Derecho Público Suizo e Internacional en el Collège de Genève. Fue miembro de la Junta Directiva de la Ayuda Mutua Protestante Suiza (EPER) y del Museo Internacional de la Reforma, Ginebra. [Capítulos 1, 8, 25, 27 y 28]

Benoît Girardin es profesor de ética y política internacional en la Geneva School of Diplomacy and International Relations, un instituto universitario en Ginebra, Suiza. Tiene una amplia experiencia internacional, ya que ha sido responsable de los programas de cooperación al desarrollo de Suiza en Camerún, Pakistán y Rumania, y posteriormente encargado de la evaluación de los mismos, para finalmente ser embajador de Suiza en Madagascar. Una vez jubilado, fue invitado a dirigir de 2011 a 2015 una institución académica privada en Ruanda. Inicialmente, se doctoró en teología por la Universidad de Ginebra en 1977. [Capítulos 11, 12, 19, 22, 26, 30]

Christian Häberli. Como investigador y profesor en el World Trade Institute (WTI) de la Universidad de Berna, aborda la seguridad alimentaria desde el punto de vista del comercio y la inversión. Asimismo, es consultor en materia de investigación científica y sensibilización en Europa, Asia, África y América. Su carrera profesional en la Organización Internacional del Trabajo (OIT) y el Gobierno suizo lo llevó a presidir el Comité de Agricultura de la Organización Mundial del Comercio (OMC) y a participar como ponente en una veintena de procedimientos de arbitraje. [Capítulos 5, 20]

Hermine Meido nació en Camerún y goza de la condición de reina tradicional africana en el país bamiléké. Estudió en Suiza, donde obtuvo su doctorado en psicología en Ginebra. Ejerce como psicóloga independiente y también ha ejercido la etnopsiquiatría en hospitales. Es autora de varios libros y artículos sobre diversidad cultural. Dado su interés en ayudar al Centro de Salud de su aldea, creó una asociación en 2006 en Suiza. Consiguió motivar a los habitantes para que realizaran los movimientos de tierra para la captación y la instalación de tuberías. Ahora, el agua potable no solo llega al Centro de Salud, sino también a los distintos barrios del pueblo, que es muy disperso, a través de 24 tuberías verticales. [Capítulo 17]

Laurence-Isaline Stahl Gretsch. Después de terminar sus estudios en la Universidad de Ginebra, trabajó durante quince años como arqueóloga especializada en prehistoria, tanto en el cantón del Jura, Suiza (trabajos relacionados con la construcción de la autopista Transjurana), como en la Universidad de Ginebra. Tras completar su tesis en ciencias, ha estado a cargo del Museo de Historia de la Ciencia de Ginebra durante más de diez años. En 2009, el museo organizó una exposición titulada "Genève à la force de l'eau". [Capítulo 29]

Marc Thomas Jenni, banquero certificado suizo y MBA por la Swiss Banking School de Zúrich. Al dejar el Banco UBS en 2003, al cabo de veinte años, fundó la Child's Dream Foundation junto con Daniel Siegfried. Mientras trabajaba en Hong Kong y Singapur, Marc tuvo el privilegio de conocer a muchas personas adineradas que estaban dispuestas a apoyar económicamente y a ofrecer su tiempo para proyectos benéficos en la región. Esto le inspiró para contribuir a marcar la diferencia para los menos favorecidos. [Capítulo 23]

Clémence Langone trabajó como voluntaria en Brasil para una ONG que promueve el desarrollo social y económico de las mujeres. Actualmente es directora de proyectos en la Fundación Access to Water, con sede en Romanel-sur-Lausanne, Suiza. [Capítulo 9]

Evelyne Lyons. Después de estudiar en la Escuela Nacional Superior de Minas de París, trabajó como ingeniera encargada del seguimiento técnico y estratégico en la Agencia del Agua Sena-Normandía, y después en Suez-Lyonnaise des Eaux. Enseña recursos hídricos y gestión de conflictos relacionados con el agua en París Tech-Ponts, París Tech-Mines y en la Facultad de Ciencias Sociales y Económicas del Instituto Católico de París. Es miembro y administradora de la Academia Francesa del Agua. [Capítulo 18]

François Münger tiene una maestría en geofísica y mineralogía (Universidad de Lausana), hidrogeología (Universidad de Neuchâtel) e ingeniería medioambiental y biotecnología (Escuela Politécnica Federal de Lausana, Suiza - EPFL). En la Agencia Suiza para el Desarrollo y la Cooperación (COSUDE), se desempeñó como director del Programa de Agua para América Central, y luego como Jefe de Iniciativas del Agua. Trabajó para el Banco Mundial como Especialista Senior en Agua. Desde 2015 dirige el Geneva Water Hub, una organización de promoción y un grupo de reflexión para la prevención de conflictos relacionados con el agua, que formará parte de la Universidad de Ginebra en 2017. [Capítulo 3]

Anne Petitpierre-Sauvain es profesora honoraria de la Facultad de Derecho de la Universidad de Ginebra y miembro del Colegio de Abogados de Ginebra. Se especializó en derecho mercantil y derecho medioambiental y dio clases en varias universidades europeas: Estrasburgo, Limoges, Lugano. Ha dirigido programas de investigación apoyados por la Fundación Nacional Suiza para la Ciencia y la Red Suiza de Estudios Internacionales sobre comercio, medio ambiente y biotecnología, respectivamente, y sobre transferencia de tecnología, comercio y medio ambiente. Las publicaciones científicas son el resultado de esta investigación. [Capítulo 14]

Victor Ruffy, hoy desaparecido, era geógrafo de formación y fue director adjunto del Departamento de Ordenamiento del Territorio del cantón de Vaud, Suiza. Ocupó diversos cargos políticos en los niveles comunal, cantonal, nacional y europeo. Fue vicepresidente de la Comisión de

Medio Ambiente, Ordenamiento del Territorio y Autoridades Locales del Consejo de Europa. Fue miembro de Solidarité Eau Europe, una ONG con sede en Estrasburgo. [Capítulo 24]

Daniel Marco Siegfried es cofundador y director de la Fundación Child's Dream. Es analista financiero colegiado (CFA) y licenciado por la Zurich Business School. Trabajó durante nueve años en UBS en Zúrich, Hong Kong, Seúl y Singapur. Durante esos años viajó mucho por la región, visitando muchas organizaciones benéficas y conociendo a muchos grupos desfavorecidos, entre ellos los niños. Estos fueron los que más lo impactaron y los que lo inspiraron a intensificar su participación en obras de caridad. [Capítulo 23]

Christoph Stucki obtuvo su maestría en Ingeniería Civil en la Escuela Politécnica Federal de Zúrich (EPFZ), Suiza, y es exdirector general del sistema de transporte público de Ginebra. Actualmente es presidente de la red de transporte público transfronterizo de Ginebra. [Capítulo 9]

Sarah Stewart-Kroeker es profesora adjunta de ética en la Facultad de Teología de la Universidad de Ginebra desde 2016. Tras obtener su doctorado en el Seminario Teológico de Princeton en 2014, ocupó un puesto de investigación en la Universidad de Columbia Británica. Actualmente investiga sobre ética medioambiental. [Capítulo 31]

Vera Slaveykova es profesora de biogeoquímica ambiental y ecotoxicología en la Universidad de Ginebra y vicepresidenta de la Sección de Ciencias de la Tierra y del Medio Ambiente. Trabaja en el desarrollo de nuevas herramientas y conceptos para estudiar los procesos básicos que rigen el comportamiento de los oligoelementos (micronutrientes), las nanopartículas y los nanoplásticos en los sistemas acuáticos, procesos muy relevantes para la calidad del agua y la evaluación del riesgo ambiental. Es editora jefe del área de dinámica biogeoquímica de la revista Frontiers in Environmental Science. [Capítulo 7]

Mara Tignino es profesora de la Facultad de Derecho de la Universidad de Ginebra, donde enseña derecho internacional del medio ambiente y derecho internacional del agua. Es la coordinadora de la Plataforma de Derecho Internacional del Agua, que forma parte del Geneva Water Hub. Se desempeña como experta y asesora jurídica de Estados y organizaciones internacionales. [Capítulo 16]

Mark Zeitoun es profesor de la Escuela de Desarrollo Internacional de la East Anglia University, en Norwich (Reino Unido), y director del Centro de Investigación sobre Seguridad del Agua de la UEA. Le interesan las formas en que la asimetría de poder y la justicia social interactúan para influir en la política del agua y en las relaciones con el agua. Este interés proviene de su trabajo como ingeniero de aguas en la ayuda humanitaria en zonas de conflicto y postconflicto en África y Oriente Medio. También es consultor habitual sobre política de seguridad del agua, hidrodiplomacia y negociaciones internacionales sobre aguas transfronterizas. [Capítulo 15]

Globethics.net Publications

Education Ethics Series

Divya Singh / Christoph Stückelberger (Eds.), *Ethics in Higher Education Values-driven Leaders for the Future*, 2017, 367pp. ISBN: 978–2–88931–165–1

Obiora Ike / Chidiebere Onyia (Eds.) *Ethics in Higher Education, Foundation for Sustainable Development*, 2018, 645pp. IBSN: 978-2-88931-217-7

Obiora Ike / Chidiebere Onyia (Eds.) *Ethics in Higher Education, Religions and Traditions in Nigeria* 2018, 198pp. IBSN: 978-2-88931-219-1

Obiora F. Ike, Justus Mbae, Chidiebere Onyia (Eds.), *Mainstreaming Ethics in Higher Education: Research Ethics in Administration, Finance, Education, Environment and Law Vol. 1*, 2019, 779pp. ISBN 978-2-88931-300-6

Ikechukwu J. Ani/Obiora F. Ike (Eds.), *Higher Education in Crisis Sustaining Quality Assurance and Innovation in Research through Applied Ethics*, 2019, 214pp. ISBN 978-2-88931-323-5

Obiora Ike, Justus Mbae, Chidiebere Onyia, Herbert Makinda (Eds.), *Mainstreaming Ethics in Higher Education Vol. 2*, 2021, 420pp. ISBN: 978-2-88931-383-9

Christoph Stückelberger/ Joseph Galgalo/ Samuel Kobia (Eds.), *Leadership with Integrity. Higher Education from Vocation to Funding*, 2021, 288pp. ISBN 978-2-88931-389-1

Jacinta M. Adhiambo and Florentina N. Ndeke (Eds.), *Educating Teachers for Tomorrow: On Ethics and Quality in Pedagogical Formation*, 2021, 200pp. ISBN 978 2 88931 107 2

Global Series

Christoph Stückelberger / Jesse N.K. Mugambi (eds.), *Responsible Leadership. Global and Contextual Perspectives*, 2007, 376pp. ISBN: 978–2–8254–1516–0

Heidi Hadsell / Christoph Stückelberger (eds.), *Overcoming Fundamentalism. Ethical Responses from Five Continents*, 2009, 212pp.
ISBN: 978–2–940428–00–7

Christoph Stückelberger / Reinhold Bernhardt (eds.): *Calvin Global. How Faith Influences Societies*, 2009, 258pp. ISBN: 978–2–940428–05–2.

Ariane Hentsch Cisneros / Shanta Premawardhana (eds.), *Sharing Values. A Hermeneutics for Global Ethics*, 2010, 418pp.
ISBN: 978–2–940428–25–0.

Deon Rossouw / Christoph Stückelberger (eds.), *Global Survey of Business Ethics in Training, Teaching and Research*, 2012, 404pp.
ISBN: 978–2–940428–39–7

Carol Cosgrove Sacks/ Paul H. Dembinski (eds.), *Trust and Ethics in Finance. Innovative Ideas from the Robin Cosgrove Prize*, 2012, 380pp.
ISBN: 978–2–940428–41–0

Jean-Claude Bastos de Morais / Christoph Stückelberger (eds.), *Innovation Ethics. African and Global Perspectives*, 2014, 233pp.
ISBN: 978–2–88931–003–6

Nicolae Irina / Christoph Stückelberger (eds.), *Mining, Ethics and Sustainability*, 2014, 198pp. ISBN: 978–2–88931–020–3

Philip Lee and Dafne Sabanes Plou (eds), *More or Less Equal: How Digital Platforms Can Help Advance Communication Rights*, 2014, 158pp.
ISBN 978–2–88931–009–8

Sanjoy Mukherjee and Christoph Stückelberger (eds.) *Sustainability Ethics. Ecology, Economy, Ethics. International Conference SusCon III, Shillong/India*, 2015, 353pp. ISBN: 978–2–88931–068–5

Amélie Vallotton Preisig / Hermann Rösch / Christoph Stückelberger (eds.) *Ethical Dilemmas in the Information Society. Codes of Ethics for Librarians and Archivists*, 2014, 224pp. ISBN: 978–288931–024–1.

Prospects and Challenges for the Ecumenical Movement in the 21st Century. Insights from the Global Ecumenical Theological Institute, David Field / Jutta Koslowski, 256pp. 2016, ISBN: 978–2–88931–097–5

Christoph Stückelberger, Walter Fust, Obiora Ike (eds.), *Global Ethics for Leadership. Values and Virtues for Life,* 2016, 444pp.
ISBN: 978–2–88931–123–1

Dietrich Werner / Elisabeth Jeglitzka (eds.), *Eco-Theology, Climate Justice and Food Security: Theological Education and Christian Leadership Development,* 316pp. 2016, ISBN 978–2–88931–145–3

Obiora Ike, Andrea Grieder and Ignace Haaz (Eds.), *Poetry and Ethics: Inventing Possibilities in Which We Are Moved to Action and How We Live Together,* 271pp. 2018, ISBN 978–2–88931–242–9

Christoph Stückelberger / Pavan Duggal (Eds.), *Cyber Ethics 4.0: Serving Humanity with Values,* 503pp. 2018, ISBN 978–2–88931–264-1

Praxis Series

Christoph Stückelberger, *Responsible Leadership Handbook : For Staff and Boards,* 2014, 116pp. ISBN :978-2-88931-019-7 (Available in Russian)

Christoph Stückelberger, *Weg-Zeichen: 100 Denkanstösse für Ethik im Alltag,* 2013, 100pp SBN: 978-2-940428-77-9

—, *Way-Markers: 100 Reflections Exploring Ethics in Everyday Life,* 2014, 100pp. ISBN 978-2-940428-74-0

Nina Mariani Noor (ed.) *Manual Etika Lintas Agama Untuk Indonesia,* 2015, 93pp. ISBN 978-2-940428-84-7

Christoph Stückelberger, *Weg-Zeichen II: 111 Denkanstösse für Ethik im Alltag,* 2016, 111pp. ISBN: 978-2-88931-147-7 (Available in German and English)

Elly K. Kansiime, *In the Shadows of Truth: The Polarized Family,* 2017, 172pp. ISBN 978-2-88931-203-0

Oscar Brenifier, *Day After Day 365 Aphorisms,* 2019, 395pp. ISBN 978-2-88931-272-6

Christoph Stückelberger, *365 Way-Markers,* 2019, 416pp. ISBN: 978-2-88931-282-5 (Available in English and German).

Benoît Girardin / Evelyne Fiechter-Widemann (Eds.), *Blue Ethics: Ethical Perspectives on Sustainable, Fair Water Resources Use and Management,* forthcoming 2019, 265pp. ISBN 978-2-88931-308-2 Available in English, French and Spanish.

Didier Ostermann, *Le rôle de l'Église maronite dans la construction du Liban : 1500 ans d'histoire, du Ve au XXe siècle,* 2020, 142pp. ISBN 978-2-88931-365-5

Christoph Stückelberger (Ed.), *Corruption-free Religions are Possible. Integrity, Stewardship, Accountability*, 300pp. 2021, ISBN 978-2-88931-422-5

African Law Series

Ghislain Patrick Lessène, *Code international de la détention en Afrique*, 2013, 620pp. ISBN: 978-2-940428-70-0

D. Brian Dennison/ Pamela Tibihikirra-Kalyegira (eds.), *Legal Ethics and Professionalism. A Handbook for Uganda*, 2014, 400pp. ISBN 978–2–88931–011–1

Pascale Mukonde Musulay, *Droit des affaires en Afrique subsaharienne et économie planétaire*, 2015, 164pp. ISBN: 978–2–88931–044–9

Pascal Mukonde Musulay, *Démocratie électorale en Afrique subsaharienne: Entre droit, pouvoir et argent*, 2016, 209pp. ISBN 978–2–88931–156–9

Pascal Mukonde Musulay, *Droits, libertés et devoirs de la personne et des peuples en droit international africain Tome I Promotion et protection*, 282pp. 2021, ISBN 978-2-88931-397-6

Pascal Mukonde Musulay, *Droits, libertés et devoirs de la personne et des peuples en droit international africain Tome II Libertés, droits et obligations démocratiques*, 332pp. 2021, ISBN 978-2-88931-399-0

Ambroise Katambu Bulambo, *Règlement judiciaire des conflits électoraux. Précis de droit comparé africain*, 2021, 672pp., ISBN 978-2-88931-403-4

Osita C. Eze, *Africa Charter on Rights & Duties, Enforcement Mechanism*, 2021, 406pp, ISBN 978-2-88931-414-0

Co-publications & Other

Kenneth R. Ross, *Mission Rediscovered: Transforming Disciples*, 2020, 138pp. ISBN 978-2-88931-369-3

Obiora Ike, Amélé Adamavi-Aho Ekué, Anja Andriamay, Lucy Howe López (Eds.), *Who Cares About Ethics?* 2020, 352pp. ISBN 978-2-88931-381-5

This is only selection of our latest publications, to view our full collection please visit:

www.globethics.net/publications